德胜門
DE
SHENG
MEN

U0224152

只为优质生活

一品茶香

YIPINCHAXIANG

叶羽晴川 / 著

图书在版编目（CIP）数据

一品茶香 / 叶羽晴川著. -- 北京 : 北京联合出版公司, 2017. 10

ISBN 978-7-5596-0036-3

Ⅰ. ①一… Ⅱ. ①叶… Ⅲ. ①茶文化–中国 Ⅳ. ①TS971. 21

中国版本图书馆CIP数据核字(2017)第067723号

一品茶香

作　　者：叶羽晴川
选题策划：北京时代光华图书有限公司
策划编辑：刘江娜
责任编辑：李　红　夏应鹏
封面设计：介　桑
版式设计：刘伊娜　施积政

北京联合出版公司出版
（北京市西城区德外大街 83 号楼 9 层　100088）
北京旭丰源印刷技术有限公司印制　　新华书店经销
字数119千字　787毫米×1092毫米　1/16　15. 25印张
2017 年 10 月第 1 版　2017 年 10 月第 1 次印刷
ISBN 978-7-5596-0036-3
定价：128. 00 元

目录

贰 • 以茶汤为作品的艺术创作——水

叁 • 以茶汤为作品的艺术创作——境

肆 • 以茶汤为作品的艺术创作——器

伍 • 以茶汤为作品的艺术创作——人

自序

难得自己喜欢

千人千茶，千茶千味。每个人都有自己喜欢的味道。所以，喝茶有时候就是：喜欢就好。

我喜欢有特点的茶，从来不会刻意去分红绿黄白黑青。如果有特点，而这个特点又是可以看到细节或者情怀的，我会深深地喜欢。也许它没那么好喝，我也一定会珍藏。而有的茶是坏得很有特点，我当然也是会很喜欢，这是一个学习的好机会。

相对来说，让我比较烦恼的是平庸的茶。说不上坏，扔了可惜；说不上好，品之无味，过于平淡没有细节，这茶也就如鸡肋了。麻烦的是，你送人吧，别人还会说“你送的肯定是好茶”。而我也会一脸尴尬，诚恳地说：“平时喝喝就好了，说不上好！可以喝。”通常，大家都把这当成谦虚，而我说的却是实话！

有特点的茶其实比较难找，而自认为有特点的茶却很多。人生总是被这样或者那样的假象迷惑着。

有一次，一个朋友送了我一盒茶，说是某某送他的，极好！先当真，也是先感恩。说明上说这一款茶具有红茶的醇和、绿茶的鲜爽、岩茶的风韵……大致如此吧。通常什么都会的，肯定什么都不会（深入），茶也是如此的。当然，万一有奇迹呢？我还是先喝喝再说吧。

看条索，介于红茶和乌龙之间；看色泽，类似单丛；闻干茶香，我不禁哑然失笑，有青草气。你可以说这是清香，然而，这就是发酵不到位的表现。

香遇高温而益发，这款茶的外形看来是根本不惧高温的。当然，高温之下，什么样的妖魔鬼怪都会跑出来。

果不其然，热水下去，青草气表现得更加明显了。说明上所谓的绿茶的鲜爽可能就是指这个吧。喝下去，也能感觉到红茶的特点。关于岩茶的风韵，我觉得可能是这款茶稍微有点儿煞口，让人觉得有点儿像泡浓了的岩茶吧。姑且如此一想，也就这样一喝。

这是几年前的事情。这种发酵轻一些的红茶很少出现，所以才会让人觉得很有特点吧。

我很迷惑的是：这样的茶现在倒是越来越多了。其实，红茶的发酵稍微轻一点，如果这个度把握得好，确实能出现很好的花香。然而，如果不足，就会呈现出青草气。

当然，有的人很喜欢青草气，这也是无可无不可的。就如臭豆腐和榴梿，还有臭鳜鱼，我对这些东西总是有点儿避之不及，可有的人却是喜欢得不得了。

某日在外面参加一个会议。早餐的圆桌上放了一小碟豆腐乳，我兴致盎然地夹了一筷子，入口之后，死的心都有了——这是豆腐乳的面孔臭豆腐的心，简直可以说臭不可闻。令人惊奇的是，没吃之前，竟然隐藏得如此之深，一点味道都没有散发出来。这时一个老大姐也把筷子伸了过去，也戳了一筷子，我在犹豫要不要提醒她，更有一点调皮想看看她的反应。没想到的是，她很平静地吃完了，一副很享受的样子，并且第二次把筷子伸向了臭豆腐。

也许人生里总是会遇到这样那样我们喜欢的不喜欢的。值得庆幸的是：我们还是有了自己喜欢喝的茶。

道与艺

伴随着茶产业的蓬勃发展，茶叶界、茶人们一直在提茶道。但是有的把茶道和日本的混淆，只寄托于仪式；有的又总把茶道弄得很高深，俗人不可触及。那么茶道的本质是什么？茶道究竟是不是玄之又玄的东西？是不是高深莫测的呢？

论道，国人往往是“玄之又玄，众妙之门”，态度大多“不可说，不可说”。 道是不是就完全不可说呢？我们来看看老子的思想：“有无相生，难易相成，长短相形，高下相盈，音声相和，前后相随。恒也。”

老子清晰地提出了“有”与“无”是相生的。也就是说“玄”和“不玄”也是相生相伴的。如果有玄的存在，一定有不玄之体存在。什么是不玄之体呢？那就是我们“眼耳鼻舌身意”能接触和感触的一切事物和现象。

以器载道，器即是这世间的万事万物及万念。这万事万物中，自然包括了茶及与茶相关的一切活动。

茶道：以茶载道，茶只是道的众多载体之一，而非唯一。

道不会以某一个载体存废而存废，也不会因为这些所见的载体的消失而消失，也不会因为人的消失而消失。

既然是以茶载道，那么茶于我们来说最大的特点是什么呢？我们喝茶喝的是什么呢？

从陆羽开始，人们就认为茶有“真味”，就是奔着这个“真味”而去的。“真”是区别，而“味”才是核心。我们是不是可以说：茶，当以“味”为重呢？

更有意思的是，不像日本有“花道”“书道”“武士道”……在我国关于道的名词里，唯一有道的就是“味道”。

是不是可以这样说，老祖宗认为让常人最容易感受到、接触到、领悟到“道”之妙的就在于味呢？而尝味用“舌”，中医又说：“心开窍于舌。”也就是说，何处观心？以舌为介！这是不是老祖宗希望通过“味道”这一词来告诉我们，道其实就在我们的心中，每一个思虑都有“道”的痕迹和作用呢？

既然茶有“真味”，而又有“味道”这一说，我们对味的追求可以说是“无所不用其极”。所谓“食不厌精，脍不厌细”，足可说明我们先人在“味”上的追求是没有止境的。

而作为茶人来说，我们对茶味的追求也是如此，我们会去追求“正宗的西湖龙井”“庐山云雾”“武夷山大红袍”……诸如此类。甚至有的茶友为了喝到某一款茶，可以飞几千公里赴一场茶会，喝完茶之后再飞回去。可见“味”对我们的吸引力有多么的大。

人们有自己的饮茶习惯，所喜欢的茶叶加工方式各不相同。而这一切，无非循味而来，而且如此细腻和深入，不能不让人叹服。

正是因为有感于此，而且我也循味、寻味了这么多年，面对“茶道”一词的定义和解读的纷纷扰扰，我个人更多地认为——茶道是味觉的审美！茶道，即茶借味行道！唯有如此，它才不会被某一个茶类所困，也不会为某一个区域的饮茶习俗所困。寻味的过程中，一切茶类，一切的饮茶方式都是平等的。

茶艺：以茶汤为作品的艺术创作。

艺术，是才艺和技术的统称，词义很广，后慢慢加入各种优质思想而演化成一种包含美、思想、境界的术语。艺术是用形象来反映现实但更具典型性的社会意识形态，包括文学、书法、绘画、摄影、雕塑、建筑、音乐、舞蹈、戏剧、电影、曲艺、电子游戏（第九艺术）等，每件艺术品都应该有它独特的诉求，这种诉求就是艺术的生命力。

“茶艺”这个词已经用了很多年了，其解读的方式也是各种各样的。

泡茶是不是艺术，能不能成为艺术？答案当然是肯定的，世间的任何人、事、物在特定的背景之下都可以成为艺术，更何况是茶呢？

从我个人角度而言，我更喜欢把茶艺看成泡茶的艺术。就像书法一样，书法其实就是写字的艺术，在满足了基本的沟通需求的基础上，上升为一种视觉上的审美，一种能带来精神愉悦的活动和作品。而书法家是完成或者是满足这种需求的提供者（作者）。书法是创作和欣赏（看）的艺术。而茶呢？作为艺术，茶艺所能呈现出来的作品应该是什么呢？优雅（花哨）的动作，还是所谓的“雅致”的茶席（并不能用来泡茶）？如果是这样的，那么我们的书法艺术应当追求书法家在创作时候的形态是不是优雅的，是不是也需要搔首弄姿呢？然而，我们看到的是，几乎所有的书法家之所以被尊崇，还是因为其优秀的作品，而不是他写字的姿态多么的曼妙或者壮阔。

同样，对于厨师来说，他们的作品是色香味美的菜；对于画家来说，他们的作品是画作；对于建筑设计师来说，他们的作品肯定是建筑。由此看来，作为茶艺师来说，他们的作品应当是一杯怡人悦兴的茶汤。

茶艺作品的构成要件有以下五个：茶、水、境、器、人。（本书也正是从这五方面展开来谈茶艺的。）

壹·以茶汤为作品的艺术创作——茶

一款好茶，不仅能愉悦时光，

也可以很好地修养性情。

茶水境器人·茶

泡茶，当然茶是第一位的，所以选择一款适合的茶很有必要。

每个人都有自己独特的爱好，有时候却又是因心情而来的，所以择茶也有一些基本原则。

每个人的体质有寒热的差别，寒性体质的人自然不能选择偏寒的茶了。这里有一个简单的诀窍：如果感觉自己的体质偏寒，那就选择茶汤为暖色调的，比如红色系的茶汤。

如果有的人天生就喜欢绿茶，那么即使用再好的乌龙，也不能愉悦他，选择自己喜欢和他人喜欢的茶，这也是一门学问。这和吃饭时你点什么风味的菜（川、鲁、粤）是一样的道理。但并不是我们自己喜欢的，别人也会喜欢。

如果只是普通大众对茶的喜好，大致可以这样划分：江南区域基本为绿茶和少量红茶，广东则为普洱及其他的黑茶类，西北为黑茶，福建、广东、台湾等为乌龙茶、白茶，北方的百姓则还是比较喜欢花茶。黄茶流通比较少，可以作为一种好玩的茶、开眼界的茶存在。

资深茶友在一起喝茶时，可以在良好的沟通之后，选择大家共同喜欢的，如此就很完美了。

如果出门在外，携带黑茶类需要撬散了，最好分成一小包一小包的，这样就不会因为旅途中找不到合适的开茶工具而烦恼了。

乌龙茶基本都已经完成了以上过程，所以携带乌龙茶相对就比较简单了，但也有某些地区包装成小包的茶叶分量有些大，需要额外分成小分量。

绿茶目前也开始有小包装。一般情况下，小包装的茶叶重量在3克左右比较适合随时品饮，不至于因为冲泡的量不一定而导致茶汤过浓或者过淡。

乌龙茶里，闽北乌龙以岩茶为代表，已经赢得了大多数茶友的欢心。当然，好的乌龙茶价格昂贵，并且遇到好的实属不易，所以不要有任何的侥幸心理，期望初次喝茶就能遇到极品。

喜欢花香的人，选择单丛或者闽南乌龙系列，一定不会失望。

对于平时口味偏重、又想慢起来的人来说，细斟慢饮煮着喝的黑茶、老茶，不仅能愉悦时光，也可以很好地修养性情。

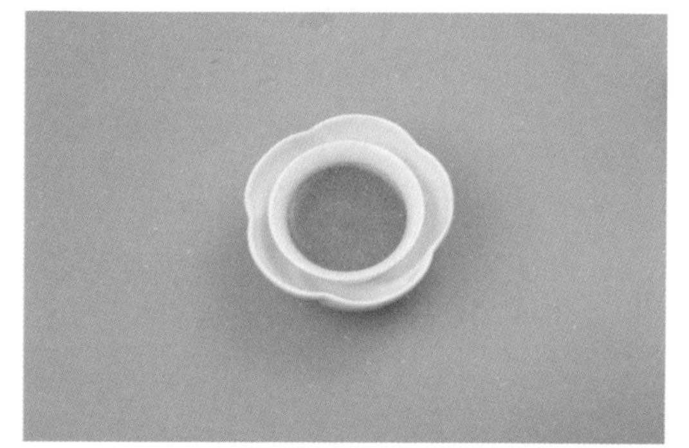

独芽的错觉

对春天，我们总是期待它能早早地来到；对春天，我们总是等得不耐烦。所以，每一波春茶的上市都会勾引无数的茶友竞相折腰，大家愿意为“早”而多付价钱。不知不觉，市场对早春茶的期待越来越迫切，于是也就有了一些能够早早上市的“优良品种”。

早的，我希望喝到更早的；嫩的，我希望能有更嫩的。这种“追逐最好”的心态处处涌动着。

最珍贵的怎么形容？心尖上的！

对于茶叶来说是什么呢？最嫩的，巅巅上的——独芽！

听听都很爽的样子，吆五喝六，呼朋唤友，走哇！我们去喝头春绿茶，单芽的，茶巅巅上的那颗芽！无论平时是多么豪放的一个人，一说起这巅巅上的芽，语气也不由自主地放软了几分。

单芽茶好不好呢？

绿茶贵就贵在节气上，清明前出产的茶必定贵，越早制成的绿茶越贵。这时候茶刚发芽，采摘起来费时费工，制作也难，价格高是必然的。如果你说，价格高就是好的茶，那么单芽茶是好的吧。

可是很多检测试验的数据告诉我们，绿茶中主要营养物质茶多酚类化合物总量的排列顺序为：4 月采摘叶 > 5 月采摘叶 > 3 月采摘叶 >

8 月采摘叶。这又是什么道理？花大价钱买来的单芽茶，还没有 4、5 月上市的有营养？

传统时节上市的绿茶好不好呢？

清明到雨水之间，茶区气温已经比较高了，茶树生长快，产量高，茶叶的有益成分其实更多，同时成茶价格反而降低。这时候的绿茶价格适中，茶叶内含物质丰富，此时的绿茶不仅喝着没压力，而且还很好喝。

你看，认为那个人人追捧的，最嫩的、巅巅上的单芽茶就是最好的绿茶，是不是一种错觉呢？

我的茶好不好？

我身边总是有这样的人，知道我在研究茶，见的茶稍微多点，就总是找机会把自己的茶拿来让我鉴定，并满脸的疑问：这是不是好茶？好像我比他更懂。

我身边也有这样的人，自己喝茶很多年，对茶有自己的见解，总在不断地寻找好茶，找到一个心仪的，就拿来和一群朋友分享。虽名为分享，其实是让大家捧场，拍他的马屁，要是有人说这种茶不好，那他就心塞了。我总是提醒自己，在这样的场合不要“毒舌”，但是又说不出违心的赞美话，于是我也很累。

和茶相关的事物都很美好，比如紫砂壶、青花瓷，比如各种烧水壶，铜壶、铁壶、陶壶、瓷壶，乃至于各种陶缶，现在又流行的兔毫盏，林林总总，总是透着一些精致和优雅，更多的是一种闲情逸致。可是，一回到喝茶的本体——茶，即便是对于喝上一口就很惊喜的茶，接着也会有各种各样的不好想法出现：这种茶好不好呢？值不值这个钱呢？真不真呢？茶商没有骗我吧？一群人在一起喝茶，也是这样的情况。有人拿出自认的好茶来，开汤喝起，第一杯还没放下，就有人质疑这茶的品质、等级、口味，乃至于价格。茶主人忙着辩解、剖析、劝诱，茶都冷了。

其实说到茶好不好这个问题，自己挺自己的茶固然没错，可别人有别人的看法似乎也没错。那么，为什么一杯闲茶会喝得这么累？

还是要回到喝茶的本体——茶上来。

什么是好茶？如果是以专家标准来看，红茶、绿茶、黄茶、黑茶、青茶（乌龙）、白茶及花茶中的好茶各自的标准都不一样，无法用一个标准判定。即便通晓各种类别的好茶的标准，可是，我们是专家吗？我觉得“我”是不要去当专家的,“我”是要喝茶的,我要的是一份“闲情”，而不是让我必须绷紧了神经喝如临考场的一杯茶。

我们要在茶里寻找什么？茶里所包含的柔软和精致，以及宁静，我是不是可以得到呢？它是要有多好才能让我变得安静下来，让我变得柔软而精致呢？还是我只要人肯定，这是好茶？

我的好茶和我的口味，我的习惯，以及我的脾气，都是如此契合；我不止于喜欢，也有相应的方法把我的好茶泡好，这种人和茶的相遇才是完美的，茶才是好的，反过来，对茶来说也是好的。大概我们都弄混了，好茶原来不是别人说什么，而是你自己是不是喜欢，是不是合适，是不是有能力泡好。

明白这一点是非常重要的，人的眼光、经验有局限，好茶的第一要素是要适合自己，“对我而言这就是好茶”。明白了这个，然后再说说大概范围内好茶的标准。

茶叶拿到手里，第一眼我们看到的就是外形和颜色。

观形。首先，看这款茶的外形是大小、粗细、松散或是紧缩，也就是说，看看自己是不是和这款茶有眼缘，这一点非常重要。和茶相遇有时候和与人相遇一样，第一印象很重要。外形如果是散茶，条索的粗细大小是不是一致的？有没有明显看起来让人不愉悦的地方？

察色。如果看看外形觉得还不错，可以仔细地看看这款茶的色泽（其实看外形的时候也都已经看了，只是这个时候需要更细致一些而已）。这款茶的颜色如果是花杂的，甚至是灰暗没有光泽的，一般情况下，尽量不要去选择。好的茶无论是哪一个茶类还是茶品，其色泽的一致性是相当重要的。

还有就是需要体会这个“泽”。泽，是有光泽的意思。其实从茶叶上看，就是润。在审评茶时，油润是一个关键。如果拿人打比方就是，这个人的气色如何，红光满面肯定是不错的。

如果一款茶的色泽呈现的是枯暗、毫无光泽，在情况不明的状态下，选择还是需要稍微慎重一点。通常来说，一款好茶，其光泽应是不错的，当然不同茶类的光泽也是各异的。

闻香。可以通过闻干茶的香气来判断一款茶的基本品质。一款制作和储存正常的茶叶，除了茶叶本来的气味之外，是不应该有其他味道的。如果不清楚茶叶本来该有的香气，那么就从这款茶的香气有没有太强的刺激性，以及是否有可能令人不愉快的味道来判断这款茶有没有问题。最重要的是，在茶面前，我们都是初次相逢的朋友，不要假装已经很熟（假装很懂）的样子。

如果确认茶香没有问题，那么真正考验茶的时候就到了，那就是直接接触和了解这款茶本质的时刻。

这时候，泡茶器皿一定用水好好地烫一下，让茶具尽可能处于高温状态。当干茶投入茶具中，可以立即闻闻茶香。如果之前闻香有没有闻到的细节，这时候是会有呈现的。

通过开水冲泡，茶叶的优点和缺点会体现得淋漓尽致。

这时候还可以看看汤色是不是透亮的。某些茶（碧螺春）冲泡不好（比如你用下投法，先放茶叶，然后冲入热水）的时候有可能是浑浊的，这不代表茶的品质不好。

茶泡出来了，我们还可以端杯闻香。和闻干茶香一样，忌讳异味杂味，以及特别刺激（冲）的香气。如果出现了这样的香气，就一定要谨慎。需要说明的是，乌龙茶的香气一直都是很高的，广东单丛的香气尤其高，这些都不是因为加了香精而有的。多闻不会有错。

品味。好的茶通常会顺滑、回甘（喝完茶之后，会有一种甘甜的感觉）和生津（生口水）比较好。

有些非常优秀的茶你喝完很久，香气仍会出现在你的口腔里，生津也会很持久。不过，还是那句话，有的人喜欢煞口的茶，有的人喜欢甜柔的茶。重要的是，找到一款自己喜欢的茶。

有时候别人说某茶不好，是依据自己的喜好，并不代表这一款茶真的就不好。就如喜欢粤菜的人有可能说川菜不好，而喜欢川菜的人也很有可能说粤菜不好，其实完全是站在自己的立场之上。所以，别人的评价不要太在意。

喝自己喜欢的茶，让别人慢慢评价吧。

何妨望闻问沏

有很多人都说自己买茶有上当的经验。这些经验是真的吗？会不会是无端的猜测，还是确有其事？我们不妨学习一下基本的买茶知识，可以保证你不会买错茶。

其方法很简单，和中医看病差不多，分为望、闻、问、沏四个步骤。

所谓望者，是要望其形：茶的外形，是不是看起来让人舒服。

对于大多数的茶友来说，记住每种茶的具体特征是不可能的任务，但是对某种茶有个什么感官的第一印象，却是判断的重要标准。

首先，要做的就是看这款茶叶的外形，是不是让人感觉愉快、舒服，同时也可以检查一下断碎的茶叶是不是很多，是不是有些发黄发黑的茶叶夹杂在中间，茶叶是否没有光泽或者光泽较差。如果茶叶的视觉效果都不好，那么要听从自己的心声，不要听信商家的忽悠，应该马上放弃。一般来说，茶也只有通过了这第一关，才有令人驻足，进一步考察的基础。

所谓闻者，是要闻其香：好茶的香气应该纯正而不夹杂其他的异味。异味包括一些闻起来让人不舒服的味道，如香水、香精味或其他非自然的香气。

如果茶叶里含有高扬的香气，甚至有一种烤焦的味道，这时就需要仔细分辨一下了，一般来说这种茶往往多少有点问题。当然有时并不影响饮用，甚至成为茶叶的某个特点。比如，我到一个茶区去访茶，他们拿出一款茶请我品尝，茶入口确实香，然而后续味道却不能很好地接上。我问制茶师傅，是不是故意把香气做上去的？因为根据判断，这种香气高扬得很有把握，不像是犯了错误而出现的问题。制茶师傅承认是因为这一个时期的茶感觉不是那么好，所以想在香气方面做足一点，达到一种平衡。像这样的茶还是值得喝的，并且这种茶的价格也不会很高。

需要注意的是，有的茶商会拿一些陈茶来再次烘焙，提高香气，从而达到以陈充新、赚取利润的目的。

所谓问者，是要从专业度、溯源两个角度发问：问专业问题，可以考证茶商的水平；问茶叶来路可以大概推知茶叶的底细。

无论是茶商还是茶友，对自己手里的茶应该是有一个基本的了解的。每一种茶叶都应该有一个相对比较清楚的来路，特别是应季的绿茶，因为是新茶，商家更应该清楚其来路才对，否则就有问题。当然以次充好的商人不会笨到连编个说法都做不出来的地步，真假就要我们自己分辨了。想要具有分辨能力，提高一下自己对茶知识的了解也是必需的。如果能事先找些相关资料，对基本问题有所了解，用自己心里有底的问题咨询卖家，那就好办多了，上当的机会也会少很多。

所谓沏者，是要开汤，尝味：茶既然是喝的，要分辨自然少不了开汤沏茶。

“沏”字诀看起来简单，但是在运用的时候，有个问题要注意：有很多茶友发现，在茶庄喝的茶买回去自己泡就不是那个味了，从而怀疑茶庄做了手脚。事实上，从根本上消除这种疑虑的方法，掌握在我们自己手中。

茶叶买回去，肯定是自己泡着喝，所以自己亲手泡出来的茶，才是我们需要了解的该茶的真实口味。我们需要做的是，自己动手，现场沏茶。这样做还有一个好处，就是若我们泡这种茶的方法有误，懂行的商家也会指导我们冲泡。如此一来，非但买了茶，也学到了这种茶的正确泡法，我们可以由此发现更多的冲泡技巧和窍门，这是一个非常好的学习途径。

在绿茶里，有一种简单的做假方法，就是把隔年的茶当新茶贩卖。有很多商家，在下半年绿茶淡季来临之前，发现自己的库存无法售完，就会把茶叶通过冷冻的方式储存起来。而通过这个方式储存起来的茶叶，从干茶颜色上来看和新茶差不多，一般消费者很难分辨。不过，如果通过冲泡,这个问题就好解决了。这样隔年的茶叶,一泡就会露馅。这种茶在冲泡过程中，香气往往是一泡就消失，冲泡后的叶底，会明显发黄，且弹性差。茶汤入口，感觉茶味较淡，苦涩而无回甘或者回甘很弱。有时候商家的言之凿凿反而是心怀鬼胎。我也曾经上过这样的当。

以上望、闻、问、沏四字诀，熟熟背来，存乎一心，运用得当，当于购茶时得事半功倍之效。

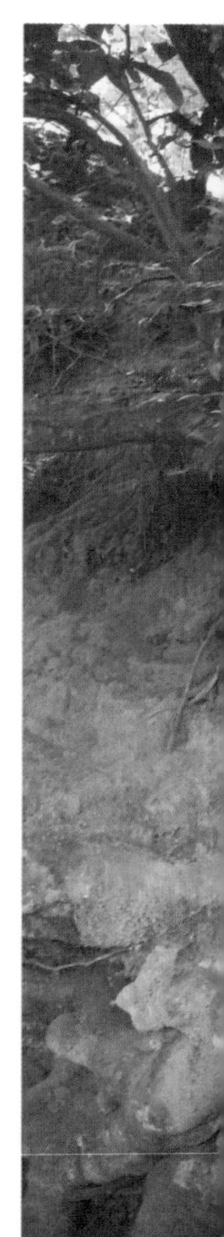

茶

百年一期，四款百岁老茶赏鉴会

茶为南方之嘉木，兴于陆公之《茶经》，累世而盛，虽中有迂曲，至今涵煦已千年之深也。煮水候汤，吟诗泼墨，文士雅趣；柴米油盐，加料饮茶，百姓乐之。

食之、饮之、品之，形之上下，载道于茶，利益众生而不言，曰善乎？曰慈悲乎！茶之性，得水而发；人之善，遇茶而润。嫩耶？老耶？新耶？陈也？芽耶？叶耶？梗耶？以相应相契为好，诸法如义！

吾四友齐聚京城，其四人爱茶如斯而入境者，鲜矣！遂集四款百年老茶同聚。于是春，是地，是人，是茶，赏历经岁月之老茶，品光阴之余韵。

这一次准备的四款百年老茶有：龙马同庆、官商茶、广西紧压茶、百年米砖茶。每一款茶在现在的这个品茶、玩茶圈里都是难得的极品茶，非寻常可以遇见的，而今日，却是齐聚一堂，不能不让人心生感慨。

既有如此难得之茶，当然茶人也应是善品之人。吾忝为一起，深圳宋少华先生，可谓黑茶收藏中的翘楚人物。在黑茶收藏中，他的品类可谓是最为全面的，普洱、青砖、黑砖、花砖、茯砖、六堡、康砖、米砖，不仅品类全面，而且其品相、品饮价值均是一流水平。对于中国茶文化的历史，品饮之道如数家珍。李宗俭君，为吾挚友，毕业于安徽农大茶学专业，对茶叶的生产加工、品饮，二十多年来孜孜以求，有自己独特的见解，不跟风、不随大流，是我研究茶文化以来遇到的一位“善于计算，而不去算计”的君子。宋延康君，山西人，与吾三人相比，接触茶的时间相对较短，然专心致志、谦虚好学，而今已然是品茶高手。

吾四人脾气相投，爱茶之甚，经常会相约品茶、寻茶，其乐融融。一直有心愿策划一次百年茶会，今天终于如愿。如此人只四个，并不呼朋唤友，为的是可以更静、净、境，更专心。茶会地点选在政协礼堂的西南厅，华宝斋书院。

百年老茶，更需要精心地呵护。我们选用来自五台山的矿泉水冲瀹，为它们一一洗去百年的尘埃。在面对这些老茶的时候，冲泡之前必定想用心把其风韵展现出来，心底里也荡涤着无法言喻的感动和感恩，然而，泡茶之时却要把这些思虑都放在一边，做到心无挂碍。说起来简单，手捧历经岁月洗礼轻飘飘的老茶，做起来却是极为考验人的。

每一款茶都有自己的有缘人，这一晚，本来的四人组巧遇另外四位来此喝茶的有缘人，善哉，茶缘！既来之则安之，所谓追缘不如随缘，这四位茶缘如此之好，也是件奇事儿了。

大家分别就座。对于我们四人之外的人而言，这些茶就如同来自银河系之外的东西。好茶是不用说话，一喝就能明白，这个经验屡试不爽，越是不怎么喝茶的人，遇到好茶舌头越毒。在四位有缘人这里，经验再一次得到验证。茶圈里我们会遇到很多很多的茶，会听到很多很多的故事。遗憾的是，往往故事比茶更迷人。天价的茶出现在市场上，被盲目的、爱听故事的人买走了，再编造下一个故事。好茶，真正的好茶，不用讲故事，甚至都不用开口说话，一杯入口，不要张嘴，就静静地坐着，闭上眼睛，等着它浸入你的感官，一种强烈的感觉会击中你，你瞬间就明白了。

曾经有朋友买了很多茶之后，忐忑地给我寄过来，让我帮忙鉴定一下。遗憾的是，大多数情况下，性价比极低，让我无言。这位朋友请我再仔细看看，又把每种茶的故事给我讲了一通。我只能说，故事留给你自己，而我只会听茶对我说的。

赏鉴第一道茶品——官商茶

这款官商茶来自于青海的一座寺院，初步判断陈期在一百年以上，应为清代的茶叶。

黑茶类的官商茶主销边疆少数民族地区，类似于泾阳茶，都是和湖南黑茶有渊源的。既然名为官商，说明是以官办为主（政府和企业合营生产的茶叶）在市场上进行交易的茶品。这一种茶的存世量不消说，自然是极少的。

一般老茶分三个阶段：第一个阶段，茶还是茶，苦涩味还在；第二个阶段，苦涩味不明显，表现为柔滑；第三个阶段，则是入化境。而这款官商茶则达到了无味为至味的程度。其中的烟味为存放过程中因为时间的侵染而形成的，不像千两茶、传统的六堡茶这些茶的烟熏味是在加工过程中形成的。而这烟味的形成也不是因为存放在青海，而是存放的小环境对茶产生的影响，非一日之工。根据叶底的判断，这一款茶的原料等级极高，现在很多茯砖茶都达不到这个等级。虽然目前也有一些厂家用制作绿茶的原料来生产茯砖茶，但是其结果并不如人意，而且这样的产品制作出来是否经得起时间的考验，还另当别论。

此款官商茶经过这么多年的存放，叶底弹性相当好，既出乎我的意料，也让专业出身的李宗俭君诧异。在一些有年头的普洱茶中，叶底容易出现碳化的现象。以往的经验，茯砖茶总是后劲不足，韵味稍欠。有意思的是这一款茶刚刚开喝，给我的印象却是除掉后期侵染的杂味之后，可以感受到它绵绵不绝的回甘，还有依旧没有消退的生津。这是一种难得一见的品茶体验。由此而反思，我以前所总结的老茶生津不显的结论是有问题的，所以，我们不应该囿于自己的见识而对任何的人和事情做出想当然的结论。正是“应无所住，而生其心”。从叶底来看，这一款茶还是经过了风选、手工分级，原料也是茯砖的原料。

品饮完这一款官商茶，对其茶汤、口感、香气、滋味的体验，以及观察这一款茶的包装情况，可以初步判断，此款官商茶陈期至少在一百年以上，但不敢确定是否有两百年。

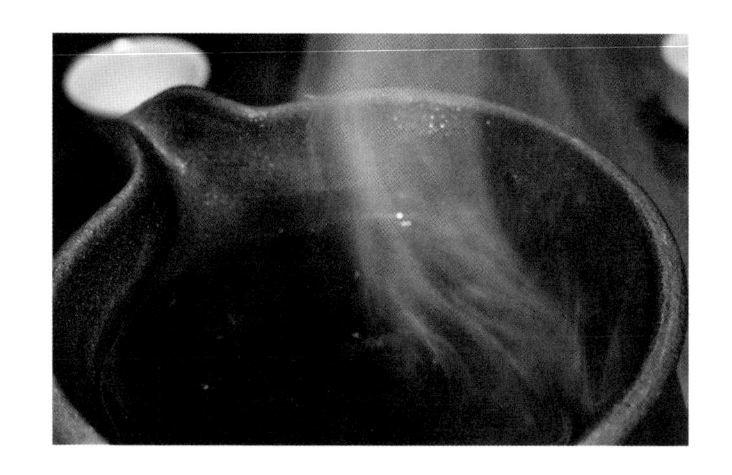

赏鉴第二道茶品——龙马同庆

龙马同庆为民国时期的产品，也是行业内难得一见的珍品，亦被誉为普洱茶皇后。

我对普洱茶可以说是情有独钟，然而经过2004年到2007年的炒作，目前伪老茶大面积泛滥，价格居高不下，很多时候我也就只能望茶兴叹了。虽然日常中也有机缘遇到些老普洱茶，但要说像特别老的，类如这一款龙马同庆，还有以前遇到的双狮同庆，实在也是罕见了。

曾经和朋友一次开四款龙马同庆，也曾在一次茶会中从五十年代茶起步喝到一百年老茶，这种奢侈显然是没有远见的挥霍，随着老茶的存世量越来越少，价格步步攀升，我和这些茶就渐行渐远了。近些年随着对黑茶研究的逐步深入，我把更多的目光和精力投入到普洱之外的茶品上了，诸如湖南黑茶、湖北青砖茶、广西六堡茶、四川藏茶等。

龙马同庆在我仅有的古董普洱茶的记忆里，可以说是止堪追忆，正好借这次茶会，重温旧梦。然而，不幸的是，这一次我们选错了时间、地点、人物。诸事不顺，龙马同庆和官商茶相比，以前记忆中的化境，现在只能算是小儿科了。不是这一款茶不好，而是现在遇到了更好的，而且居然在它之前喝到了更好的，俗话说，凡事就怕比较，喝茶也是这个道理。哎，让人失望的龙马同庆。

珠玉在前，龙马同庆沦为木椟，受冷落是必然了。几泡之后，龙马同庆就被打入了冷宫。

赏鉴第三道茶品——广西紧压茶

这款来自于广西的紧压茶，看起来几近化石。几年前我曾有幸喝过一次这款茶，这是第二次与它相遇。这款茶曾经给了我巨大的刺激。在我的经验中，有着漫长存期的茶汤色必是红亮的，然而，这一款茶的茶汤却是黄亮透明。所谓的入口即化在这一款茶汤中表现得更为明显。这一次，它又会给我带来怎样的欣喜呢？

广西紧压茶在壶中默默地翻滚着，不事张扬。茶汤出来之后，琼浆玉液，满屋惊羡。同品茶的那三位先生接触老茶的机会比较少，其中一位云："我喜欢这个茶。"此话甫出，本来都很认真品茶的人全乐了，不仅是你，我们大家也喜欢啊。好茶是不用说的，好茶是会触动你的，这感觉并不会因为你是老茶客而更敏锐，新人对老茶的触摸同样敏感，有时候还格外地敏感。我们这样一群人，今天在此，没有故事，没有言语，只有爱茶人的啜饮。但是，默默不语的几个人，每个人都心有感怀。

在品官商茶时，我们从现有的资料中很难明确它的真实年份。这款茶的来历我们却一清二楚。这一款广西紧压茶只是我们自己对它的称谓，李宗俭君在广西偶然遇到的时候没有那么多的现金，所以这一款茶到现在就只有这最后一泡了。曾有一位云南朋友购得此茶，他喝过之后陶醉不已，自认为是他喝过的最好的茶。不过他和同行喝到一半出去吃饭，等他们回来时发现壶中的茶叶不见了，一问才知道，茶艺师以为他们喝完了，就把茶叶扔到垃圾桶里去了。这位云南的朋友赶紧找到垃圾桶，把那块还依旧完整的茶叶捡了出来，用水冲过之后接着泡。我们一群人对这茶知根知底，这是之前的一件逸事。

泡过之后，开始煮茶。煮出来的茶汤质感类似宝石，晶莹剔透。

有一个奇怪的现象我觉得值得科学家好好地研究一下，那就是为什么所有的好的老茶汤，特别是紧压茶，茶汤的晶莹程度完全可以和宝石媲美。这样的茶汤可以美到让你觉得内心一下子澄净下来。煮的茶汤比泡出来的要红亮。

什么是化？喝老茶讲究的化境究竟是怎样的一个化境？当我们捧着这样那样的茶，一个个沉醉若斯的样子，在这一泡茶面前，无不销魂。入口，不是如丝绸般滑过，而是云淡风轻地飘过，透明而缥缈，至喉部则不见踪影。此刻身体却如历冬的土地遇到初春的第一场雨，可以安然地滋长出无尽的希望。此所谓韵，是化，还是空？

寻味，无味？却萦绕于舌尖，萦绕在喉，想琢磨，又如抓云攥风一般无处追索，云的湿润，风的清凉，却又是真切的感受。

这是最后一泡。与我们来说，与此茶的缘分，竟是永别！

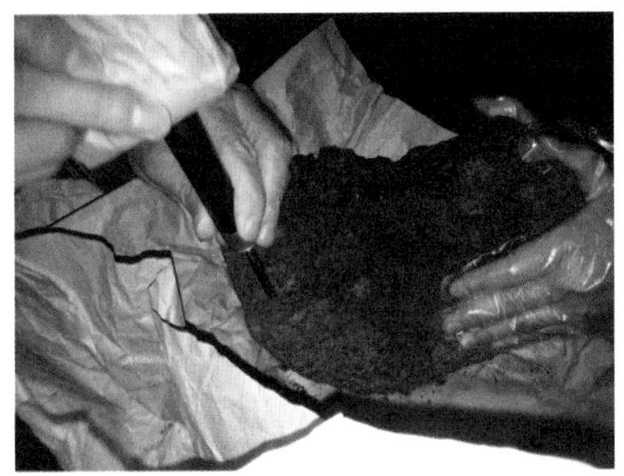

赏鉴第四道茶品——百年米砖

百年米砖，这一款茶的到来也是一种机缘。米砖对于一般茶叶爱好者来说是相当陌生的，其实它并不属于黑茶类，是湖北生产的一种红茶砖，当年主销蒙古草原和俄罗斯。目前，赵李桥生产的米砖茶主要有两款，一谓火车头，也就是茶叶表面主要图案为火车头；一谓牌坊米砖，顾名思义，其砖面的主要图案为牌坊。历史上英国川宁公司亦在国内定制过“凤凰”图案的米砖茶，因为是定制茶，所以在国内难觅踪影，即使遇到也为玩家所宝藏。而今天的这一款米砖，则可以追溯到 1887 年，砖面图案既非火车头亦非牌坊，而是梅花。

米砖茶系红茶末压制而成，所以被称为米砖，其实茶中无粒米。国人于茶好清饮，于色香味形上的追求孜孜不倦，所以中原好茶之人饮紧压茶者寥寥，在普洱茶发迹之前如此，对于红茶的紧压茶所见更少。

如遇到老米砖，则犹如在农家遇到一宋代茶碗，自是端详宝爱。在茶叶的大世界里，紧压茶一贯以粗枝大叶示人，而米砖茶则自成一体，方正细腻，雕刻精美，无论凤凰、牌坊、火车头，还是梅花，均是精美有加，堪称艺术品。这一款茶也是被吾辈称之为把品饮与艺术完美结合的一款茶品。相较而言，至为精美者为凤凰，次之为牌坊，再次之为火车头。火车头的艺术感稍欠缺，所以这一款茶在市场中表现也相对乏力。

今天喝的这一款茶来自于百年以前，不知辗转了多少手，而今来到这儿。我们的目光无法穿越时空，却能从这红亮的茶汤中回味过去，感受当下，岁月于指无痕，于心无迹，却在嘴里奇妙地诞生。当我们沉下心来，感受经过百年之后那沉郁的香气，缥缥缈缈地顺着你的上颌升腾，贯穿你的鼻腔，甚至能直顶脑门，仿如有开窍之功。而茶汤褪去了生活的艰涩，入口是淡泊，咽下之后，从你肺腑之中萦绕而来的一丝，是什么？老茶的灵魂？时光不可留，茶香愈发婉转深沉。品之，余韵绕梁。其味，佛说：不可说，不可说！

此四款百年老茶，此四人及彼四人共品，予作文以记之。

是不是有一款老茶可以纯真

很有意思，之前也遇到过一些老茶婆，那些老茶婆的叶片都已经是革质了，冲泡起来也比较难以出味，品茶汤也就是一个水甜，对于我来说，原理是很清楚的。

所谓老茶婆，其实是六堡茶的一种，采用的原料叶子粗老，是茶树从春天长到秋末后采摘下来的老叶子，制成的六堡茶基本上是当年茶农家里自备的日常茶。刚做好的老茶婆不太好喝，存放几年味道会越来越好。因为沾着老茶的光，近几年被发掘了出来。

然而，手头这款老茶婆大不一样，整体抓在手里轻飘飘的，甚至有的部分有被虫子咬过的痕迹。还有部分枝梗的长短是一致的，这就说明此款茶不是简单的老茶婆。据我判断，这应该是黑茶的毛料，不知道什么原因没有制成黑茶，就被遗忘了。而重新获得的人认不出这是什么茶，又因其原料比较粗老，冲泡后也不是那么容易出色出味，和老茶婆的特点十分相像，也就顺理成章地叫它“老茶婆”了。

其实这种特别轻飘的茶叶冲泡起来是比较麻烦的。因为一旦注水快了，这些茶叶就会漂在水面上，根本就无法真正的洗透。这也是很多老茶在洗茶的过程中总是会有一些杂味出现的重要原因。

鉴于这一款茶出色和出味比较慢的特质，所以投茶量相对就会比

其他的茶多一些。

洗茶的时候，向壶内注水不要快，需要缓慢的小水流把茶叶逐渐打湿，差不多均匀打湿之后，盖上壶盖，稍微闷 30 秒。

打开壶盖，向壶内注入大水流的热水直至溢出壶口。这水流一大，就相当于激荡茶叶，好好给它洗一洗了。当壶口的水已经变得洁净时，停止注水，盖上壶盖，快速出汤。洗茶水一定要注入公道杯中，一是可以很好地观察汤色，二是要通过公道杯的香气判断洗茶的效果如何。

把公道杯中的洗茶水倒掉之后，可以轻轻晃动公道杯，让杯中的热空气快速地散掉，这时候就可以清晰地感受到茶的香气了。

如果公道杯中的香气已经非常纯正了，那么就可以正式开始冲泡；如果公道杯中的香气并不是那么纯正，那就接着再洗一次，直到香气纯正为止。

这一款老茶婆对于我来说，需要洗一次半。

洗茶完毕。这一款茶的注水需要异常的平稳，要保证注水过程中茶叶在紫砂壶里不会有异动，这样出来的茶汤就会清亮。

据说这款是二十世纪五十年代的老茶婆，这样纯净的茶叶，纯正的药香味，个人觉得年代应该还可以往前一些。

非常喜欢这款茶的香味，朋友都说是药香，我觉得是松香。而且这款茶的香气纯粹得让人吃惊，所以冲泡的时候，我都感动得差点流泪。

是不是可以把这一款茶叫“纯真”呢？这款老茶婆有情有义，憨厚单纯，无杂无染，一边泡，一边喝，一边笑，一边想哭。

不知道是感动于茶呢，还是感动于这样的世界，竟然还有我还有茶的一席之地。相遇总是缘分，因为简单，所以美丽。因为有了岁月的琢磨，所以也变得丰满。

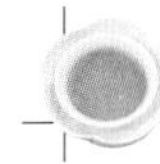

绝不讨好你——一泡老茶的态度

有一泡茶，从诞生就很从容，你喝或者不喝，它从不焦躁，也不抱怨，甚至都没有期待。它可以等很多年，也许对它来说，这根本不叫等待。

初次遇到它的时候，感觉对它熟悉又陌生。后来有机会又喝到几次，然后就得知，只余手头上仅有的几克了。其时真实的是彷徨，甚至是难过。我无法相信，甚至不愿去相信，就剩最后的几克茶了。

它是二十世纪六十年代之前的传统工艺六堡茶，这个模样的六堡茶我还是第一次见到。我们现在喝到的六堡茶已经不是原来的这个模样了。它有正宗的槟榔香，也有直抵心窝的细腻和透亮。岁月了无痕迹，然而，你不着意的时候，发觉它在安抚你的每一分焦躁，不疾不徐！

对这款茶，我满满的是牵挂。虽然明明知道不可以挂碍，却又忍不住挂碍。

虽然可以接触种种好茶，每逢茶会，一道一道的茶都各有千秋，然而，却依然忍不住问："有没有办法把那个被买走的茶找回来？"

经不住磨，好一番努力，终于又找回来了点儿。

从得知最后一泡到追回来点儿，短短的四天，所经历的牵挂和悲喜几乎穿过了它等待的岁月。

今晚，就是这样一泡茶，手中就是它了。

每一次取茶，它毫不造作地躺在那里，乌黑油亮，甚至是横七竖八的，绝不做作，绝不谄媚。然而，每一次看着它，都让人心生欢喜。

轻轻地取出几克茶，闻闻香，完全异于别的茶。对于很多人来说它散发出来的是槟榔香，对于我来说，是熟悉的家乡厨房灶头的味道。因着这味道，我对六堡的传统工艺怀念不已。

茶叶遇到热水开始变得柔软，香气从壶中不慌不忙地溢出。简单、直接，这香气简直可以从你的鼻腔里直接穿过囟门，直通九天。

注水，当汤色逐渐晕红了整个杯底，观者的心也跟着渐渐温暖，妥当而熨帖。

沉浸于刚刚的情思中，端茶入口，蓦地发现：错了！

为什么？一入口才发现，这一杯茶竟然不是优柔的，然而，也不是坚硬的。茶汤从容地滑过舌面，抚慰两腮，飘过了喉咙，当你以为它消失不见了，口腔里开始出现丝丝甘甜。

这茶不风情，不柔弱，不坚硬……仿佛是告诉你：我不想讨好你，我其实什么都没有，你的感觉也只是你的感觉而已，与我并没有什么关系……

被颠覆的是谁呢？是我对茶的理解，还是我对人生的理解？

我忽然对这仅有的几泡茶释然了。

心有猛虎，细嗅茶香

色声香味触法，眼耳鼻舌身意，在人类已知的各种感觉当中，嗅觉一直都比较神秘。看不见，摸不着；闻得见，说不出。而一旦闻到了和记忆中同样的味道，立刻直击心灵，连带想起围绕这味道的一切情感和意蕴。妈妈做的饭，故乡的记忆，爱人的拥抱，往往是被嗅觉触发了眼泪。

茶亦如是。一些个性鲜明的茶，必带有特色的香气，从杯口氤氲着上升，你低下头，深嗅一口，心底里就永远封印了一段时空：雨后的草地，小村的炊烟，捧满手的炒豆子，竹林……香气泛起的当下，你未碰茶汤一口，已经沉醉。有些老茶，也许今生只能遇到一次。你浸淫在它的香气中，被包裹在它的味道里。若干年后，有幸再次闻到相同的味道，那泡茶带给你的全部感受，瞬间复活。

喝茶十年，我从未奢望过有一天能喝到真正产自西湖边上的西湖龙井。某天拿茶与一群朋友分享，大家谈笑风生间把西湖龙井下肚，吾心泣血。所谓“莫将容易得，便作等闲看”，我肯定也在其他场合这样伤过别人的心，比如把人家送我的花瓶打碎了，千里之外寄来的老腊肉放霉了，朋友手制的茶杯蒙尘了。从此，西湖龙井淡而悠远，清而卓丽的香气就和一种受之有愧的心情联系在一起，每每拿出来喝，我都端正好姿态，更敬重些。

在一个雨夜，我喝过一泡六十年代的老青砖，陈期已经半个世纪。茶汤捧在手里，澄静得像海，橙黄色的茶汤看起来却很深很深。茶海上嗅到了它的香气，沉稳、凝重、中正，人一下子就安定了下来。有片刻的时间，感觉是空的，仿佛被吸入了这泡老茶的时空体系，没了自己。以后也喝过各种年代的青砖，老茶也有，但是那种感觉，那个香气，只属于那时那刻的那泡茶，那个人。

家里灯不亮了，打电话给物业，派来一位电工老师傅。正好自己在泡茶，就随手拿出一个红茶给师傅泡了一杯。老师傅忙着检查没工夫喝，等检查完毕，问题解决的时候，茶半温。老师傅告别，我赶紧递上茶，师傅喝了一口，抬起头郑重地望着我问：红糖水？我诧然，答曰：红茶。老师傅电话响起，匆忙离开，走之前把杯子里的茶水一饮而尽。我回来如法炮制，等茶半温喝了一口。这一口啊，甜、香。其实茶汤是有点涩的，但是蜜的香气、焦糖的香气，混在一起，这香气太强大了，把涩给掩盖掉了。按我一贯的喝法，从不会这样泡红茶，这杯茶如果没被喝掉，大体也会被倒掉。这茶酝酿的香气就这样被丢弃。幸好有人识得，虽然连名字都说不出，但是他知道它的好。这是属于心有灵犀的一种香气，我分到了一嗅。

茶叶界提起茶的香气，一般是和味道放在一起说的，所谓香高韵长，主要还是指香气和滋味一起形成的综合感受。单论香气，仿佛虚无缥缈，无从描述。其实香气之于茶，更像是一种精灵，甚至灵魂一样的存在。

后来我看到了一段话：当我们嗅闻某样事物，鼻子中的气味接收部位，会辟出一条畅通无阻最短的道路，直达大脑的边缘系统，而这一处刚好是控制情绪、记忆与幸福感的区域。我们所有感觉器官都是思考过后才有反应，只有气味，大脑是先反应后才进入思考作业。

我们民族的古老饮料和我们最原始的感觉器官之间，是有默契的。我从此相信：茶，深入到中国人的基因里，不是满纸写出来的茶文化，而是鼻头上嗅到的那缕气息。

只想安静地喝点茶

古人云品茶：一人得神，二人得趣，三人得味。要想好好喝茶，人不能多，四五个人的茶会还勉强能安静地喝会儿茶，六七个人则变茶话会，拿茶解口干，八九个人则完全变成闲聊大会，零食“爬梯”，一泡茶出汤后分杯，半天都没动，只在吃了零食后用来漱口。

人多了没法喝茶，茶叶的道理也一样，和茶放在一起的东西多了，混杂的茶汤也没法喝，算不得茶，权当一种羹汤入口吧。

这件事情陆羽在一千多年前就抱怨过，在《茶经》里陆老先生写道：“或用葱、姜、枣、橘皮、茱萸、薄荷之等，煮之百沸，或扬令滑，或煮去沫，斯沟渠间弃水耳，而习俗不已。”当时喝茶的方式基本上是煮茶，有加葱、姜的，有加枣子、橘皮的，还有加茱萸、薄荷等带有较冲味道的，陆老先生说这种茶汤仿若沟渠间废水，没有喝的价值。临了，老先生还抱怨一句，“而习俗不已”，看来当时喝混杂茶饮还挺流行，老百姓乐此不疲，陆羽表示难以理解。

时间这场有去无回的逆旅自唐代又行走了三百多年，到了宋代，除了唐代的煎煮法有保留之外，宋人最喜点茶法，九五之尊的宋徽宗都亲自撰书，详细介绍点茶法。当然文人喝茶基本上都只是茶叶一味了，但也有例外，比如苏轼家里人饮茶就用四川老家的方法：“姜盐拌白土，稍稍从吾蜀。”是在煮茶的同时加入姜、盐的。有一次友人寄来上好的福建茶叶，家人手快，加上姜和盐煮了起来，可能是尽快让苏先生尝尝鲜的意思，苏轼只来得及抢救下一半，为此懊恼还做了首诗。至于宋代市井的茶饮，仍旧如陆羽所说，习俗不已。宋代的风俗是，“客至则啜茶，去则啜汤”，请客来的时候上茶，散伙的时候要喝汤，这与后来形成的“端茶送客”不太一样。书籍中记载宋人茶肆中“四时卖奇茶异汤，冬月添卖七宝擂茶、馓子、葱茶……”《水浒传》中王婆开的茶铺，里面卖的奇茶异汤丰富多彩，借潘金莲的眼睛看到的就有四种：梅汤、合汤、姜茶和宽煎叶儿茶。

到了明代，饮茶方式再次发生改变，基本上都是瀹泡法——用沸水冲泡茶芽，跟现今的泡茶法非常接近。那民间喜欢混饮茶的风俗变了没有呢?

我们看看主要描写明代中晚期社会生活和风俗民情的小说《金瓶梅》里是怎样写茶的。这本书谈到茶的地方多达 629 处，其中有一次是喝“绝品清奇”的芽茶，这是清饮茶，用瀹泡法，没加任何调料。但是提到更多的却是混饮茶，《金瓶梅》中描写了各种各样的混饮茶，比如：胡桃松子泡茶、福仁泡茶、果仁泡茶、瓜仁泡茶、木樨芝麻熏笋泡茶、白糖玫瑰茶、咸樱桃茶、姜茶、桂花茶、八宝青豆木樨泡茶、蜜饯金橙泡茶、瓜仁栗丝盐笋芝麻玫瑰泡茶、土豆泡茶、芫荽芝麻泡茶，等等。甜口的茶饮还好理解，咸口的茶饮也说得过去，但是又甜又咸的混合茶，如果再加上辣味，就是标准版的怪味了。比如，这个瓜仁栗丝盐笋芝麻玫瑰泡茶，有点让人咋舌。最过分的一次，居然用了十几种材料炮制了一泡茶，叫作芝麻、盐笋、栗丝、瓜仁、核桃仁、春不老、海青、拿天鹅、木樨、玫瑰泼卤、六安雀舌芽茶。这里的春不老是咸菜雪里蕻，海青可能是青橄榄，拿天鹅仿佛是白果。这个南北通吃咸甜共品酸涩荟萃的大乱炖，是不是兰陵笑笑生开的一个玩笑？

时间流转到清代，瀹泡法成为主流泡法，变化较大的是茶叶的种类得到了丰富，现今的几大茶类在清代基本上都出现了。民间饮茶如徐珂在《清稗类钞 · 饮食类》中的《茶肆品茶》中所说："茶肆所售之茶，有红茶、绿茶两大别，红者曰乌龙茶，曰寿眉，曰红梅；绿者曰雨前，曰明前，曰本山。有盛以壶者，有盛以碗者。有坐而饮者，有卧而啜者。""京师茶馆，列长案，茶叶与水之资，须分计之，有提壶以往者，可自备茶叶，出钱买水而已。汉人少涉足，八旗人士，虽官至三四品，亦厕身其间，并提鸟笼，曳长裾，就广坐，作茗憩，与圉人走卒杂坐谈话，不以为忤也。"而南京的茶肆"茶叶则自云雾、龙井，下逮珠兰、梅片、毛尖，随客所欲，亦间有佐以酱干、生瓜子、小果碟、酥烧饼、春卷、水晶糕、花猪肉、烧买、饺儿、糖油馒首……"可见民间饮茶终于变成清饮了，可是且慢，那丰富多彩的花儿果儿，摇身一变，变成了茶食，虽不再出现在茶汤中，但仍是陪着茶儿一起走了从口腔到肠胃的旅程。

这就是所谓的习俗吧，一千年的时间，虽然一直有文人雅士的清饮，但普通百姓的茶永远是夹杂了世俗的情趣。大概也得益于这点世俗情趣，茶在更广泛的受众中传承下来，一代传给一代，并没有失落，最后成了可以代表中国的东西。

现今的人们大体上倾向于清饮了，一些调味茶仅存在于少数民族的特色茶艺之中，流传最广的混饮茶，也只剩下红茶牛奶糖的组合。看到今人这种情状，陆羽先生也许会脸色和缓地点点头。

无论如何，我只希望能安静地喝一泡茶，人只一个，茶只一味。

神农时代的人到底喝不喝茶？

中国人关于茶的传说里，总是有神农氏的身影。不管几千年前、几万年前的祖先们写下了什么，不管神农到底尝没尝茶树叶，中国人就是愿意相信神农和茶有关系。这也许是一种民族信仰，同一文化传承的这群人，都乐意相信茶是古老的东西，是从最古老的先祖那里继承来的。

那么，神农氏的时代，有茶吗？祖先们喝茶吗？

在中国这块土地上，远古时代是有茶树的，原始人采集植物、果实充饥，直接将采来的茶树嫩叶嚼食。

中国是茶树的原产地，现在在我国云南、四川南部和贵州一带，以及鄂西山地（大巴山、武当山、荆山、巫山等山脉组成）还保留着大量的野生茶树。我国的原始社会从约一百七十万年前的元谋人开始，到公元前二十一世纪夏朝建立前夕为止。考古学家将原始社会分为旧石器时代和新石器时代，处于旧石器时代的人类生活方式与动物没有根本区别，使用石器和木棍来猎取野兽，懂得采集草叶、树叶及果子充饥，即所谓的“茹毛饮血”。当时生活于南方（古以秦岭终南山以南为南方）的原始人很可能采集当时已常见的茶树嫩叶食用以果腹，这一点从我国一些少数民族保留的饮食习惯中就可以得到印证。云南的佤族、布朗族、德昂族等古老民族，均有以茶树鲜嫩芽叶为原料制作凉拌茶的传统，生食茶树嫩叶带有明显的原始采集时代的特征，从民族学角度来讲，这种原始的食茶方式，是其远古先祖用茶方式的孑遗。我国湖南省常德市的汉寿、鼎城、武陵、桃源一带也有生食茶叶的习俗，是以生茶叶（茶树鲜叶）、生姜、生米为主要原料，经混合研碎加水后烹煮而成的汤，因而名为“三生汤”。这种“吃茶”风俗对湖南人影响深刻，至今很多湖南人喝茶后还要将茶渣吃掉。

在云南的这些古老的少数民族风俗中，不仅茶树鲜叶是可供食用的食品，茶树和茶更是他们崇奉、敬仰、膜拜的对象。例如德昂族，他们以茶为祖先，认为茶是德昂的始祖，德昂人是茶的子孙。在他们世代相传的故事里，人类祖先产生于茶树，原来茶树愿意到大地上生长，于是万能之神达然，让风神吹落了她的102片叶子，于是单数变成了51个精明的小伙子，双数成了51个美丽的姑娘，这51对年轻人在茶神的指引下，组建家庭繁衍后代。这种将茶——一种植物——作为本民族图腾加以崇拜的现象，可以作为原始人利用茶树的证明。因为从人类学的角度分析，有考古事实可以证明，原始人开始形成某种灵魂之类的宗教观念，是在二三十万年前。图腾崇拜作为一种最原始的宗教形式，最初先从植物崇拜开始，然后出现动物崇拜。这就是说，在二三十万年前，生活在我国云南的原始人已经离不开茶树，茶树嫩叶是他们赖以存活的充饥食物，也给他们带来了诸多良好的感受，很可能医治了他们的某些疾病，因此他们对其充满感恩之情，将茶树视作给予生命的母亲。

无独有偶，不仅在云南有茶的图腾崇拜，生活在我国湘鄂渝黔边界接壤处的土家族，最原始、最古老的图腾崇拜也跟茶树有关。土家

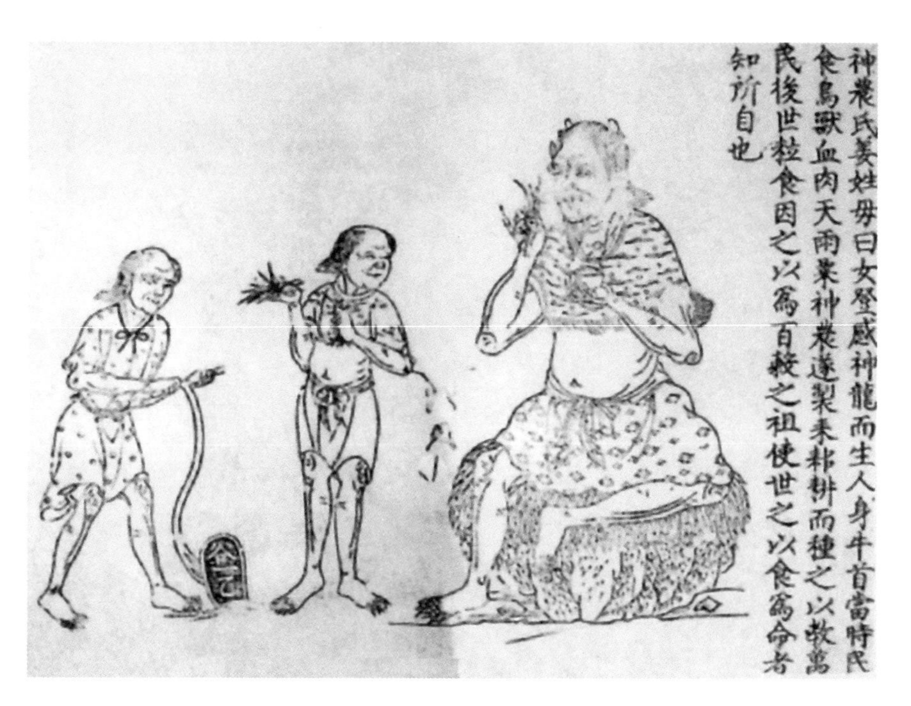
神農氏姜姓母曰女登感神龍而生人身牛首當時民
食鳥獸血肉天雨粟神農遂製耒耜耕而種之以教萬
民後世粒食因之以爲百穀之祖使世之以食爲命者
知所自也

族最古老的图腾崇拜女始祖“苡禾娘娘”，是因嚼了茶叶怀孕的，一次生下八个儿子，由白虎喂奶，八兄弟成人后作战勇敢，屡建奇功，被封地于湖南龙山、永顺交界一带，号称八部大神，一直受族人立庙祭祀。从土家族这种“吃茶生子”的图腾意识，可窥见采集时代远古土家族人群和茶的联系。经史学家考证，土家族是以古代巴人的一支后裔为主，逐渐融合了周围的其他民族而形成的。而我国考古学者通过对鄂西南清江流域的考古发掘，发现了三四千年前的早期巴文化，可证明巴人起源于武落钟离山（今湖北长阳西北），约于原始社会末期移居四川。

到了新石器时代，部落人群已经发明了陶器，这时候各种植物树叶的利用就不仅仅是生嚼那么简单了，会用陶器煮食各种植物制作羹汤，其中应该包括使用茶树鲜叶制作的羹汤。

我国考古学界认定，距今一万至五千年前是我国新石器时代的早、中期，即传说中的神农时代。神农氏相传为上古时代的部落首领、中华药祖、农业始祖，是中华三皇五帝之一的炎帝。目前在我国，诸多关于农业的发现大体上都归于神农氏。根据我国学者的考证，炎帝神农氏部落的第一、二代均生活在渭水中游的宝鸡境内，称帝从第二代始，其后裔一代代向南迁徙，湖北随州为炎帝神农氏第三代的弟弟部落的迁徙地，湖南炎陵县（原名酃县）古有炎帝陵，当为第八代炎帝神农氏榆罔的陵墓，炎帝神农氏八代共相传约五百二十年。

神农氏族是中华农耕文明的创始者，因擅长农业耕作而被称为“神农”。中国人还尊神农为“茶祖”，因为华夏口耳相传是神农发现了茶叶。一直以来因为找不到信史的确凿文字，神农发现茶叶仅被视为上古的神话传说。但是我国很多古籍文献都把茶叶的发现和药用指向了神农，这也许能说明些什么。从神农部落迁徙的路径来看,随州位于鄂西地区,与鄂西近在咫尺的湖南炎陵县古属荆地，汉代属长沙郡、茶陵县，史称“长沙茶乡之尾”，神农氏族很可能在南迁过程中沿袭了当地住民食用茶树叶的习惯，或者在这一过程中发现、利用了茶树。

更进一步，在漫长的采集时代，原始人采摘茶树鲜叶果腹，并对茶树的认识逐渐加深，发展下去，到新石器时代，完全可以将其当成一种药材使用。神农“尝百草，以和药济人”(先秦史料《世本》)，是我国的医药始祖，也许可以这样说：神农发现了茶并不确切，更准确的说法应该是，神农在前人食用的基础上初次明确认识到了茶的药效。

考古专家告诉我们，新石器时代的原始人已经发明了陶器，根据湖南道县玉蟾岩、江西万年仙人洞和吊桶环的考古发现，我国至迟在公元前一万二千年就出现了原始陶器。考古上的发现和我国古籍记载相映衬,《周书》记载说:“神农耕而作陶。”《资治通鉴外纪》也说:“神农……作陶，冶斤斧。”可见神农时代陶器得到了广泛的应用。陶器对于原始人而言具有非常重要的意义，可贮存水的容器的使用，意味着煮或蒸的烹饪方法的诞生。陶器对于茶而言，也具有非凡的意义，因为自从陶器出现后，茶树鲜叶才有可能从最原始的生嚼、生拌凉菜和酸菜的阶段，进入煮做羹汤的阶段。神农时代，我国先民可将各种可食用植物放入盛装水的陶罐中熬煮，或佐以其他配料作为羹汤，或放入谷物制成菜粥，可能这时茶树鲜叶也是制作羹汤、菜粥的一种原料，或者更进一步，作为药材熬煮药汤治病。

从这个角度上说，神农氏族部落在新石器时代开创了茶树利用的新局面，开始将茶树叶和水联系在一起。因此，我们乐意从文化的源头上将神农当成是饮茶之祖，诚如陆羽《茶经》所言：“茶之为饮，发乎神农氏。”

看来，神农氏时代，我们的祖先们熬煮植物羹汤或做菜粥，以这种方式食用茶树鲜叶，但是具体的制茶工艺是否初露端倪，就无从知晓了。只能说，很久很久以前，中国的先民学会了晒干菜，储备食物，大概就是那时开始了茶叶的原始制作吧。

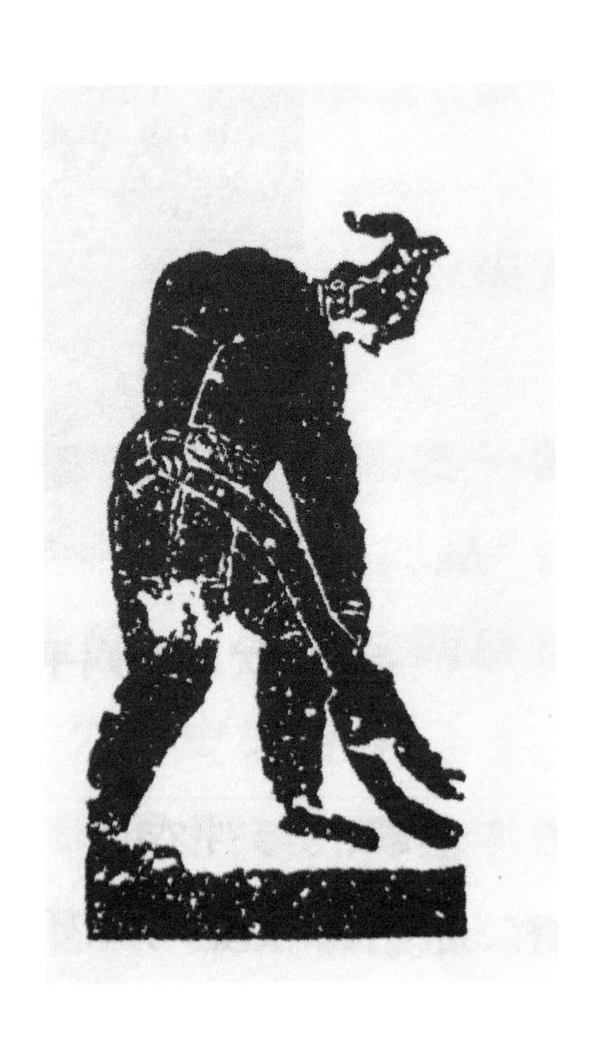

此黑茶非彼黑茶

中国的茶叶分为六大基本茶类：红、绿、黄、白、黑、青。其中的黑就是黑茶。英语里称红茶为“black tea”，直译过来虽然就是黑茶两个字，但是没人这么翻译。红茶因为看起来颜色黑黑的，所以英国人就给它起了这样的名字。事实上，黑茶看起来也黑黑的，但是历史上最初出现黑茶之名，却不仅仅是因为颜色。这里还颇有一段渊源。

唐代，川茶开始大宗输往边疆少数民族地区，这一阶段这种专门提供给边疆地区的茶叶逐渐形成了基本的制法，到了宋代熙宁年间，出现了绿毛茶作色变黑的记载，这时候可视为源于边茶的黑茶工艺已经基本上成型了。

元代用以边销的川茶名为“西番茶”，元代宫廷营养师忽思慧所著《饮膳正要》中写道:“西番茶，出本土，味苦涩，煎用酥油。”这种叫法，是以这种制法的茶叶的主销地命名的。

明代建国初年朱元璋下诏：“天全六番司民，免其徭役，专令蒸乌茶易马。”天全即今雅安市天全县，“乌茶”是继“西番茶”之后出现的另一个四川边销茶名称。看文献，有的现代学者认为“乌茶”，“乌”就是“黑”嘛，所以这个是“黑茶”，其实不然。无论五代时期的“火番饼”，元代“西番茶”，或明代“乌茶”，都沿用了同一个命名规律，即以主销地命名——元代称西藏为西番，明代称西藏为乌斯藏。所以，元代销往边疆的茶叫“西番茶”，明代则叫“乌茶”，其实是“乌斯藏茶”。这个命名规律一直沿袭到近现代，近现代人采用了和古人同样的命名法，将四川黑茶称为“边茶”。

明代的乌茶其实主要并不是黑色的。当时四川边茶包含几个等级，等级高者才会偏向黑色，大宗产品多为深棕褐色的猪肝色，最次的呈黄色。这几种边茶都供应藏区，等级高的由贵族、大喇嘛收走，大宗产品是广大农牧民所用，困顿之家用黄色的边茶，也有最底层的农民家庭用不起茶叶，只在水中加点盐巴。文献《明会典》载：“隆庆五年（公元 1571 年）今买茶中与事宜，各商自备资本……收买珍细好茶，毋分黑黄正附，一例蒸晒，每篦重不过七斤……运至江中府辨验真假黑黄斤篦。”崇祯十五年（公元 1642 年），太仆卿王家彦在书中说：“数年来，茶篦减黄增黑，敝茗羸驷，约略充数。”以上两则文献中可以看出当时销往边疆的茶叶有黑有黄，后来黄色的茶数量减少，黑色的增加，才勉强能够数。

明代末期是四川用以边销的茶叶从“乌茶”到“黑茶”的过渡时期，这段时间里的文献不仅出现了“黑茶”两个字，还在谈论四川边销茶叶的文字中出现了“黑”色的描述。之后，四川边销茶叶在不同历史时期于古籍文献中的名称曾有多种，诸如边茶、大茶、雅茶、马茶、粗茶、砖茶、条茶等。

“黑茶”二字最早见于文字是在 1524 年。明嘉靖三年（公元 1524 年）御史陈讲上奏的奏章中说：“以商茶低伪，悉征黑茶。产地有限，乃第为上中二品，印烙篾上，书商品而考之。每十斤蒸晒一篦，送至茶司，官商对分，官茶易马，商茶给卖。”这里的“黑茶”两个字

就有人把它当成后来的安化黑茶，其实是不正确的。这个奏章里讨论的“黑茶”指的是征上来的官茶。当时商人从官方指定的茶区运抵的茶叶质量低，造假严重，因此奏章提议明令商人收黑茶。此“黑茶”是针对“低伪”而来，由上文已知四川边茶呈黄色者质量低下，可以有很大的造假空间，而质量可靠的边茶大体呈黑色，因此以“黑茶”名之。

这之后古籍文献中“黑茶”二字开始不断出现。到了 16 世纪末期，安化黑茶诞生，由于也是边销茶，从而取代了川茶主要边销的地位，渐渐“黑茶”两字就指安化黑茶了。

有了以上的历史渊源，时间步入现代，学界按照各种茶的茶多酚氧化程度划分出六大茶类，安化黑茶的“黑茶”两字就用来代表一个大的茶类，这类茶都具有同样的基本制作工艺，都有渥堆工序，大多销往边区，基本上是紧压茶的形制。这便是今天的黑茶了。

贰·以茶汤为作品的艺术创作——水

水为茶之母，八分之茶遇十分之水，茶亦十分。十分之茶遇八分之水，茶止八分。

茶水境器人·水

茶艺之水，是重中之重，茶、水就犹如画家的纸和墨一般，只是作品的基本材料。泡茶人（茶艺师）如何把茶、水这两个元素，组合成一幅符合美学要求的作品，才是作者（茶艺师）的终极目的。

常常有人说“水为茶之母，八分之茶遇十分之水，茶亦十分。十分之茶遇八分之水，茶止八分”。水相当于我们在书法创作时候的纸一般，如果纸没有问题，我们的书法作品才有可能得到展示。

然而，什么样的水好呢？

水是茶的载体，离开水，所谓茶色、茶香、茶味便无从体现，因此，择水理所当然地成为饮茶艺术中的一个重要组成部分。历代论水的主要标准，不外乎两个方面：水质和水味。水质要求清、活、轻，而水味则要求甘与冽（清冷）。

水质好，未必水味好。水味好，也未必宜茶。这都需要辩证和认真地去对待。盲目的信任泉水也是不对的。严格地说，每一款茶所对应的水都有可能不一样。只是如果真的严苛到如此地步，品茶也就变得十分无趣了。

把一件闲事做忙了，实在是不值当的！

择水先择“源”

唐代陆羽《茶经》中云：“其水，用山水上，江水中，井水下。”明代陈眉公《试茶》诗中说：“泉从石出情更洌，茶自峰生味更圆。”从我们已有的经验来看，一款茶的表现，泡它的水起的作用，可能超出我们的想象。就像我们常说的，你生活的环境，你所交的朋友，你所处的平台，可能决定了你的人生最后会是怎样的。

水质需“清”

所谓“君子之交淡如水”，这个“淡如水”其实就是“清”的另外一种呈现。唯有淡，才能长久，唯有淡，才能衡量出其品质的纯粹。否则的话，一切美好都淹没在滚滚名利机心之中了。

宋代大兴斗茶之风，强调茶汤以白为贵，这样对水质的要求，更以清净为重，择水重在“山泉之清者”。明代熊明遇说：“养水须置石子于瓮，不惟益水，而白石清泉，会心亦不在远。”这就是说，宜茶用水需以“清”为上。

清是相对浊而言。用水应当质地洁净，这是生活中的常识，烹茶用水尤用澄沏无垢，“清明不淆”。为了获取清洁的水，除注意选择水泉外，古人还创造很多澄水、养水的方法。在当时的社会条件之下，这些手段都变得十分必要。当然，我们现代人的选择就好多了，也方便多了。田艺衡《煮泉小品》说：“移水取石子置瓶中，虽养其味，亦可澄水，令之不淆。”“择水中洁净白石，带泉煮之，尤妙，尤妙！”这种以石养水法，其中还含有一种审美情趣。另外，常用的还有灶心土净水法。罗廪《茶解》说：“大瓷瓮满贮，投伏龙肝一块——即灶中

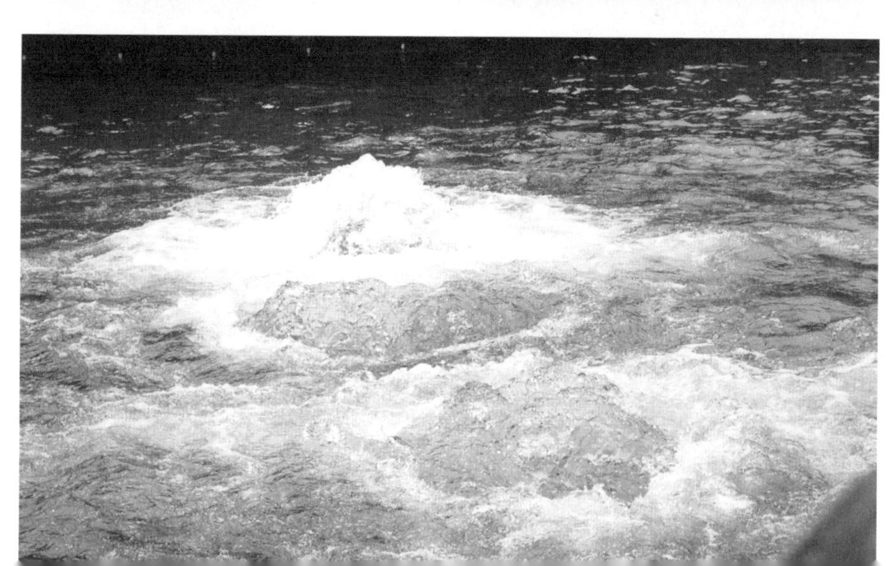

心干土也——乘热投之。”有人认为，经这样处理的水还会防水虫滋生。

以上说法都是一些古人的经验之谈，有的可以验证，有的也就姑且听之。

水品应“轻”

陆羽《茶经》对泡茶用水就有描述：“山水上，江水中，井水下。其山水，砾乳泉、石池，漫流者上。”泉水涌出地面之前为地下水，经地层反复过滤，涌出地面时，水质清澈透明，沿溪涧流淌，又吸收空气，增加溶氧量，并在二氧化碳的作用下，溶解岩石和土壤中的钠、钾、钙、镁等元素，具有矿泉水的营养成分。我国的名泉：江苏镇江的冷泉、无锡惠山的惠泉、苏州虎丘的观音泉和杭州的虎跑泉，都是沏茶的优质泉水，但有些泉水如硫黄矿泉则不宜用于泡茶。

选择江河之水时，应在远离污染源的地方取水煮沸冲茶。通过氧化、沉淀和稀释及软化后的江水，也获得净化，用其泡茶也别有一番风味。所以也不妨“自吸松江桥下水，垂湖亭上试新芽”！

不过，现在我们的很多江河之水已经达不到可以直接饮用的标准，所以，在选择用江河之水时，一定要慎之又慎。

井水属地下水，是否适宜泡茶，不可一概而论。有些井水，水质甘美，是泡茶好水。一般来说，深层地下水有耐水层的保护，污染少，水质洁净；而浅层地下水易被地面污染，水质较差。所以用井水泡茶，易取深井之水。有些井水含盐量高，不宜用于泡茶。

雨水和雪水，古人誉为“天泉”。雨水一般比较洁净，但因季节不同而有很大差异。秋季，天高气爽，尘埃较少，雨水清冽，泡茶滋味爽口回甘；梅雨季节，和风细雨，有利于微生物滋长，泡茶品质较次；夏季雷阵雨，常伴飞沙走石，水质不净，泡茶茶汤浑浊，不宜饮用。用雪水泡茶，古代文人已有许多记载，清代曹雪芹在《红楼梦》“贾宝玉品茶栊翠庵”一回中，更描绘得有声有色，但雪水一定要选没受过污染的。

现在城市中最为方便的水源是自来水，自来水一般采自江、湖，并经过净化处理，比较符合饮用水卫生标准。但有时处理水质所用的氯化物过多，则有一种异味，对沏茶是不利的。此时可将自来水注入洁净的容器，让其静置过夜，使氯气挥发散失，或适当延长沸腾的时间。

如果有条件的话，我个人还是不建议用自来水泡茶。至少从我目前的经验来看，普通大中城市的自来水是不可取的。而一些小城市的自来水，因为临近水源，所受的污染有限，而且水处理手段相对比较简单，水质反倒可以。我们完全可以依据当时的条件做适合的取舍。有一点需要注意的是：“不要轻易否定一款茶，很有可能是我们的水不够好，我们的技术不够好，而让我们面前的那杯茶表现得不那么优秀。”

人生有很多遇见，是需要放在一定的背景之下的。就如一款茶，需要遇到合适的水和合适的人，才能真正地呈现它的美好。

水品在“活”

宋代苏东坡《汲江煎茶》诗中的“活水还须活火烹，自临钓石取深清。大瓢贮朋归春瓮，小勺分江入夜瓶”，宋代唐庚《斗茶记》中的“水不问江井，要之贵活”等，都说明宜茶水品贵在“活”。

水虽贵活，但瀑布、湍流一类“气盛而脉涌”，缺乏中和淳厚之气的“过激水”,古人亦认为与主“静”的茶旨不合。古人说的水之轻、重,有点类似今人所说的软水、硬水。硬水中含有较多的钙、镁离子和铁盐等矿物质,能增加水的重量。用硬水泡茶,对茶汤的色香味确有负面影响。

水味“甘洌”

如宋代蔡襄《茶录》中认为:“水泉不甘,能损茶味。”明代罗廪《茶解》中的“梅雨如膏,万物赖以滋养,其味独甘,梅后便不堪饮”,说的是宜茶水品重在于“甘”,只有水“甘”,才能出“味”。

随着时代的进步,现代人对水的要求已很难用古人的标准来衡量。目前,茶界对饮茶用水所认定的水质主要标准是:色度不超过 15 度,无异色;浑浊度小于 5 度;无异臭味;不含有肉眼可见物;pH 值为 6.5 ~ 8.5,总硬度不高于 25 度;毒理学及细菌指标合格。

以上数据是可供参考的。当然,我们不是每个人都可以很方便地得到以上数据。我们可以依据自己现有的条件选择一些信得过的饮用水品牌的成品水使用。

我遇到过很多迷信山泉水的人,最后我做了对比,它的泡茶效果其实和桶装水、瓶装水相差很远。

要不要洗茶

喝茶人有一个绕不过去的问题：要不要洗茶？

有的人说茶不用洗，因为第一泡茶的内含物浸出量最大，洗了就浪费了；有人说要洗茶，因为洗茶的目的是让茶味和茶香得到最好的表现；也有人说必须洗茶，因为一则农残太高，二则茶叶不洗太脏，特别是黑茶和老茶，至少心理上会有些安慰。

需要强调的是，绿茶的第一泡浸出率达到 70% 以上，这一洗茶，剩下的基本上啥都没有了。而且绿茶的原料是春天的鲜叶，基本上处于没虫害不打农药的阶段，相对安全。所以，绿茶不用洗茶。

其他茶类，除了有机茶之外，基本上都是有农残的，需要明确的是：有农残和农残超标是两回事儿。全世界 90% 的蔬菜都有农残，只要在国家规定的标准之内，就是安全的，对人没有伤害，可以食用。茶叶同此原理。而且，农药残留在洗茶的时候能够洗掉多少，这个也不太确定。蔬菜水果上的农残是可以通过在热水中短时间浸泡去除掉大部分，这个并不是空口说白话，是国外的科学家做过相应的实验，得出的结论。若想核实，可查找关键词“比利时”“根特大学”“农残”。但是我们都知道茶叶和蔬菜不一样，叶面基本上都是皱缩的，这样短时间的浸泡，洗茶的一个过程，能够去除多少农残，实在说不准。若觉得茶叶这么健康的东西却要和农药相伴，心理上过不去，那不如选择别的饮料。现实情况就是如此，我也希望有更多的绿色茶叶产品，也在为这一目标做自己的努力，但是在全部茶叶都成为有机食品之前，是不是就不喝茶呢？我做不到。关于带有农残的茶叶是不是饮用安全，中国茶叶界唯一的一位院士陈宗懋先生关于这个话题专门写了论文。如果对这种科学结论都还心存疑虑，还是选择养心为主，放弃茶叶吧。

有的人是嫌不洗的茶叶脏，特别是经过渥堆的黑茶，想要用洗茶的方法达到清洁的目的。其实太脏的茶叶我本人并不建议品饮，所以我洗茶的目的不是真的“洗”掉什么。

如果你在乎第一泡浸出的内含物质，那么你完全可以不洗茶。因为到目前为止尚没有发现一例因为喝茶而导致的农药中毒事故，无论泡茶时洗茶还是不洗茶。

如果你觉得洗茶内心会更踏实，那就洗吧。茶是一种饮料，它能带来良好的心理感受，能怡情悦性，让我们从茶汤上感受到美好，也是其功能之一。

对于我来说,大多数的茶是不用洗的,我更愿意把通常意义上的“洗茶”理解为“润茶”，淋第一遍沸水的过程极为重要。

润茶的目的是为了让茶味和茶香得到充分的体现。那么香气在什么样的条件下表现最好呢？毫无例外，那就是温度越高，香气的挥发程度越高,对于我们来说也就是香气表现越好。所以,在润茶的过程中,如何得到最高的温度就成了关键。

目前我采取的方法是：先把泡茶器（盖碗或者紫砂壶等）注满沸水，稍后倒掉。这时候置入茶叶，然后注入热水至超过茶叶即止；观察茶叶的吃水、舒展状态，看到茶叶已经有处于松散舒展状态时，再次注入沸水至满溢，这时候的水流要细而稳，看水面的浮沫随水流流出，直至水面完全没有杂质，这时候可以立即出汤。

这一泡茶汤是可以直接品饮的。这就是我的润茶步骤。真正需要洗茶的是后发酵的黑茶类，或者是一些年代久远的老茶。而且在洗的过程中要分清基本的目的：其一，去除杂味、异味，让茶汤更为纯净；其二，某些老叶老梗的茶叶会有含氟较高的情况，通过洗茶可以很好地降低氟的含量。这样的情形最好洗两次茶。

对于后发酵茶类，洗茶可以很好地解决渥堆过程中产生的“堆味”，还可以有效解决冲泡过程中产生的碎末导致的汤色浑浊问题。

对于原料等级较高的黑茶，如果本身碎末并不多，存放环境也是干净，没有任何杂味异味的，一般来说洗一次茶就可以了。

对于比较松散的茶叶，注入沸水没过茶叶之后，等茶叶舒展开来，然后大力注水，立即出汤至干净，当公道杯中的茶水倒完之后，闻公道杯中的香气，判断香气是不是纯正。如果是纯正的，那就不用再洗了。如果有轻微的杂味或者异味，建议还是进行一次轻度洗茶。如果杂味、异味还比较严重，那就必须再次洗茶。

第二次洗茶时，注水力度和正常冲泡一样即可，立即出汤。

对于比较紧结的块状（青砖、花砖、黑砖，以及普洱茶砖、普洱饼的中心部位），浸泡的时间就需要稍微加长。浸泡之后就大力注水，出汤即可。

每次洗茶完毕，一定要闻闻公道杯中的香气，由此判断香气的纯正程度，从而决定要不要再次洗茶，以及洗茶的力度和注水量的把握。

洗茶的一个关键就是：洗透，洗净。否则的话，洗茶就只是一个流程，对于口感和香气的表现没有任何好处。

1. 注入沸水

2. 倒掉水

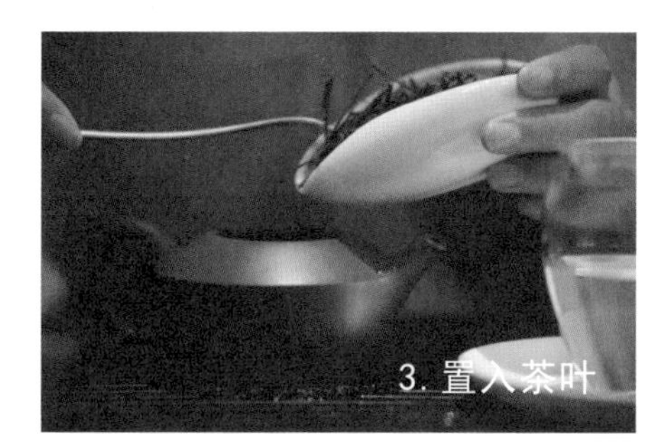
3. 置入茶叶

4. 再次注水

5. 出汤

五十年代龙珠的冲泡

老茶到底有没有好处？好多人都在质疑，很多的质疑完全是凭空想象。其实就这个问题，赵李桥茶厂、华中农业大学都已经做了相关的实验，华中农业大学用青砖茶做的实验，结论是：和新的青砖相比，陈年青砖的功效更为明显。

我更喜欢把茶归到饮料这儿来，在保证健康卫生的情况下，口感还是第一位的。至于无论你喝出了养生效果还是美容效果，抑或是一个美好的时光，这都是个人的缘分，并不强求！

从我个人角度来说，有特点的茶都是我喜欢的。有特点的茶和人总是会教给我很多东西，我也会因此惜之如宝。

龙珠还是老的好。我并没有做什么成分方面的分析，新的龙珠、老的龙珠都喝过，还是喜欢老的。

这次又遇到了一款陈期五十年的龙珠。陈香和药香都很好，干净得要命，这样的龙珠尤其难得。

关于龙珠的冲泡，很多人都知道，要采用把龙珠直接置于滤网中，然后以开水冲淋的方法。这种冲泡的方法大方向是正确的，至少我这么认为。

龙珠外形非常碎小，内含物质极其容易溢出，用盖碗和紫砂壶冲

泡，轻易间就能泡成中药汤一样的茶汤出来，虽然我们也许因为难得就忍着苦、皱着眉喝下去了。可是喝茶这件雅事却弄得自己像是治病，岂不是煞风景？

很遗憾，至今仍有很多人喝茶、泡茶都搞得像是进药铺，并且堂而皇之地说：不苦不涩不为茶。真是滑天下之大稽。自中唐茶道盛行以来，茶叶的加工工艺都奔着好喝、好看、易得的方向发展，时至今日却有人逆潮流而行，这值得三思了。

一般来说，好的龙珠投茶量不宜多，五六个人三克足够了。

开始是用细细的水流，把龙珠淋过一遍，当是洗茶。动作需轻柔，勿急勿躁。毕竟五十年的时光不算短啊，比我还大着一二十岁，必须得恭恭敬敬才好！

龙珠的内含物质容易浸出，所以当水流过大时，龙珠内含物质会快速释出，这样的茶汤口感会变得很刺激。

刚刚开始冲泡，可以把滤网稍微侧一下，用极小的水流沿着滤网外侧流到龙珠内部，只有少数的龙珠能接触到水流。这时候的茶汤就会很均匀，口感也会很好。

在冲泡的过程中，随时观察茶汤的颜色。当颜色开始变浅的时候，则调整注水，让水流逐渐地接触到龙珠。这样既可以有效地调节口感，又可以让龙珠的冲泡变得更有趣味。不疾不徐，从容道来，一泡龙珠茶就泡好了。

这种用滤网冲泡的方法适合大多数呈碎末状的茶叶，尤其是红碎茶，以及揉捻程度高的茶叶。

陈期四十年茶梗的冲泡体验

时间：2016年7月7日下午3：00

地点：北京市东城区叶羽晴川工作室

茶叶：广西黑毛茶茶梗

基本情况：茶叶梗年代为1976—1985年间；干茶外观几乎无叶，长短不一，粗细不一，属当年新梢；干茶香气为纯正木质香，微微加热闻之有陈气；干茶色泽暗红、褐，温润

用水：明月湾纯净水

加热器：电陶炉

煮水器：紫铜壶

泡茶器：250毫升紫砂壶

品茗杯：60毫升白瓷杯

公道杯：玻璃

滤网：使用

置茶量：10克

冲泡程序：

烫壶：沸水冲淋壶身，壶中加水至满溢；壶中沸水倒入茶海；茶海沸水浇淋紫砂壶。

置茶：茶叶梗拨入紫砂壶中。

洗茶：这是个技术活儿，详细过程请参考前文《要不要洗茶》；淋壶。

第一泡：

香气：典型的槟榔香、药香，香味持久。

汤色：红艳，透亮。

味道：入口顺滑，软、绵，两颊生津明显。最明显的就是，这一款茶香气几乎可以深入肺腑。不喜欢槟榔香的人大概也不会喜欢这一款茶。

第二泡：

香气：槟榔香。

汤色：红艳，透亮微有油质感。

口感：顺、绵、透、滑，舌后侧生津极为明显而持久，甘甜。

第三泡：

香气：持久聚于鼻腔，上冲，闻之香弱。

汤色：红艳，透亮。

味道：甘甜，当茶汤接触到舌面之后，舌面立即生津，反应极为迅速。咽下之后，竟然可以从喉部深处感受到浓郁的茶香。

第四泡：

香气：槟榔香，更加饱满。

汤色：红艳，透亮。

味道：滑。虽然这款茶不算是特别老，然而其滑、爽、透、绵仍旧超出了想象，而细品之，又似乎颇有风骨，值得咀嚼。更有意思的是，你可以细细把玩，舌根两侧有细细的清泉涌出的清凉感。

第五泡：

香气：槟榔香。

汤色：红艳。

口感：满口甘甜，舌前段会有甜润质感，生津竟然转移到前端，而舌两侧清甜不断加强，持久，轻咽口水，满口甘甜，而香气亦会从喉部返上来，确实是一款值得把玩的茶。

第六泡：

香气：槟榔香。

汤色：红艳。

口感：口感丰满，层次丰富，感觉不出香、味从哪儿分开，弥漫于口腔，恍然间忘了自己是在哪儿？舌面的反应直接跳过，喉部生津，回甘持久悠长。

第七泡（闷5分钟）：

香气：槟榔香减弱，有果香。

汤色：红艳。

口感：经过闷过之后，口感依旧浓醇、黏稠，两腮立即生津，喉部香气不减。绵绵不绝的甘甜，口腔内有清爽之感。

煮茶：

对于我本人来说，这些来自于岁月深处的老东西总是会让我们有些温暖和惊喜，或是有些莫名的感动，甚至是忧伤、感恩。不忍分离，那就好好地珍惜当下。于是，请它们移驾到1.5升的大玻璃壶中，加水1.2升，用电陶炉文火煮2小时。

很喜欢煮茶的感觉，整个室内都弥漫着茶香。不过这一款茶煮出来的香气比较弱，一饮之后，不是化的感觉，而是有人要给你一个温暖的拥抱。如此柔软，却也是奇迹。

不苦，不涩？

是的，不苦不涩。

温柔乡里？是的，温柔乡里！

未曾想到，岁月深处竟然还有这样的一份温暖。

烟熏味的乡愁

有一首歌老在脑海中萦绕：

“我思念故乡的炊烟，还有那小路上赶集的牛车……”

因为我总是在远离故乡的地方奔波，有时候也忍不住会哼出来。

现在我的家乡已经比较少用柴火稻草做燃料了，所以炊烟也少了，即使回到故乡，那里依然天很蓝，水很清。

有一次在广西，漓江畔，望不尽的青山碧水，小桥人家，修竹红花。我站在一户人家门口，问一个怀抱孩子的女子：“你知道哪儿还有大茶树吗？”她说：“不知道啊，我们这儿没有吧？”看她迷惑的眼神，一行人不由得都乐了，因为她家门前就有几棵很粗壮的茶树。

实际上，在这一带，我们已经发现了不少野生茶树林。走访农户，品尝了野生茶做出的黑茶。

在寻访了那么多的野生茶之后，发现这些野生茶都有一个特性：外形一般比较粗放，揉捻度不高，也就是紧实度较低，叶张较大；带烟熏味，口感醇和，滋味持久，回甘和生津特别让人印象深刻。

这些茶我非常喜欢，不，应该说感觉非常亲切。因为它勾起了我对故乡的思念。每次泡这些茶，就有一丝温暖的愁绪，慢慢地沿胸口爬上来。

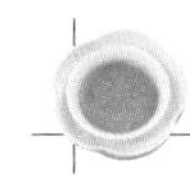

那么像这样的茶如何去冲泡呢？

通常情况下，这类茶叶的投茶量要比平常的少 30% 左右。比如平时要放 8 克的茶壶，泡这样的茶时，只放 5 克左右就好了。

所有的茶叶中，叶张成熟，揉捻度不高的茶叶，所使用的水温也要越高。也就是说，这样的茶叶并不惧怕高温，越是高温，对于茶叶的内含物质和芳香物质的溢出越有好处。

冲泡时间要多久？很多人为这个问题纠结，其实大可不必。任何一种茶，都是为我们的饮用需要服务的，这是茶存在的真正价值，所以完全可以根据自己的口感和需要延长或者缩短冲泡时间！你觉得好的，就是最好的。

以下是桂林野生茶园里一款野生黑茶的泡茶记录。

桂林野生黑茶：我的好朋友李宗俭先生慨叹传统工艺的流逝，以至于现代人不能找到真正的传统广西黑茶，因而发心勇猛，恢复制作的一款传统风味的黑茶。

生产日期：2006 年

用量：本次投茶量为 5 克

用水：明月湾纯净水

加热器：电陶炉

煮水器：铜壶

泡茶器：紫砂壶

主泡：叶年（5 年学茶经验，高级评茶员）

这款茶刚刚生产出来的时候，有浓郁的烟熏味。这一款茶原来是做成竹筒茶，三年前打开，存放于居室中。

这次冲泡，干茶的烟熏味已经淡了很多，有淡淡的陈香味，以及槟榔香。因为存放地点为北京，转化比较慢，但是香气确实饱满和高扬，口感很是滑爽甘润。

细嗅杯底悠长的茶香之外，再去感受如丝如缕的烟熏味，就如与远远的故乡隔空相望。

品茶和审评茶

泡茶的时候，总能听到有人说："我都喝了这么多年了，还不知道品茶吗？"说实在的，这可能真的是事实，因为我们很有可能是审评茶审评了这么多年，而不是品茶品了这么多年。

审评茶，是对茶叶的品质和加工工艺进行评估。冲泡的过程中采用的是统一标准的器具，其流程也是统一标准的，不会因为某一款茶的不同特质而改变。不要以为只有专家才做这项工作，我们身边很多人对茶也经常持"审评"的态度。

品茶，因基于某一点情怀而发生的以茶为媒介的行为。这一过程中对水、器、境、人都有相对较高的要求。更讲究的是茶、水、境、器、人的相应、相合。尽可能展现这一款茶的色、香、味、形的优点，满足人对愉悦感和幸福感的追求。

审评茶，通常发生在审评室中，也往往发生在相关的茶叶交易过程中，或者打算从别人的茶叶里挑点毛病时。

品茶，通常发生在对茶有着共同兴趣（情怀）和追求的环境中，这一过程和利益不直接相关。

审评茶，是以找出茶的不足为主要动力。

品茶，是在感谢每一泡茶的给予。

检查一下自己对待茶叶的态度吧，是“品”多些呢，还是“审”多些呢？

爱的深度——晒红（红茶）的冲泡方法

来自云南2000多米海拔的古树茶园，在西南温煦的阳光之下抽芽展叶，当我与晒红相遇的时候，晒红给了我一个温暖的下午。

初次相遇，并不怎样特别，只是像这样一个很平常很平静的下午。

取出晒红的时候，每一根茶叶都沉甸甸的，也就是常说的压手。它给人的感觉是踏实的，值得信任的，充满希望的。

当茶叶投入盖碗中，听到盖碗里传来的清晰的叮叮当当声，就像一场大师级音乐会启幕的序曲，心头马上激动起来，平息气息，平息期待，不强加你什么，准备聆听你的演奏。

水声从安静到唧唧有声，到恍如张望远去的背影。

我提起水，让水如珍珠般落入盖碗中。

于是听到晒红轻轻地呵气，飘出了一股如兰的气息。那是慵懒而温顿的，那是柔软而妩媚的。不忍心吵醒，我只是让水轻轻地没过茶索。在这温暖的潺潺水中醒来吧，舞台已经准备好了，就缺一个主角，我和你都必须保持最好的状态。

振作起来吧，振作起来，让我们未来的人生绚烂，美丽而幸福，不是为了别人，而是自己。

再次注水，一直让水溢出盖碗，让水面上微小的毫毛流出来。当水面再次清净了，再次平静了，我知道，你已经准备好了，一切都是如此完美。

经过水的滋润，你的身形如此完美，多一分则胖，少一分嫌瘦。你的色彩也是红得如此深沉，却一丁点儿都不世故。一入口，本以为你会说什么的，却不知，你只是沉默，把你的芳香，你含蓄的、沉稳的爱递给了我的味蕾和嗅觉。不事张扬，却又再一次深深地攫取。

人生会有无数次的相遇、分离。这一次，我也是深深的感恩和感动，这来自云南的一抹红。

晒红是我遇到的一款来自云南的红茶，遇到了就深深喜欢，最近我的日常茶基本上就是它了。

这是我与晒红的一次共舞，当内心的欢喜洋溢着的时候，时光立即从匆忙中变得沉静，从模糊中变得清晰。

泡茶八要

泡茶可以简单到放茶、加水、喝水这三个动作，可谓健康饮料顺手拈来。但是，要想更细致地品味，就要花点时间，精致一点，琢磨一下了。如下泡茶八要是我总结出来的品茶的入门前提。

台要简。

简是指整个茶台除了必须用的茶具之外，尽可能减少无关的器物。茶台本身样式要简洁，流于繁复则失于方便。

忌讳：

茶台之上陈设太多装饰性物品，诸如茶宠之类。

器要洁。

所有的茶具必须保证清洁无垢。

忌讳：器形不端，花色复杂，有缺损，明显污渍，水痕，以及指印。

身要正。

无论是在进行冲泡中还是在平时，身形要保持端庄，不偏不倚，唯有身形端正才能保证气息顺畅。

忌讳：坐姿不端正，或坐于座椅一角。

心要净。

没有杂念，一心侍茶，不要想茶之外的人和事。

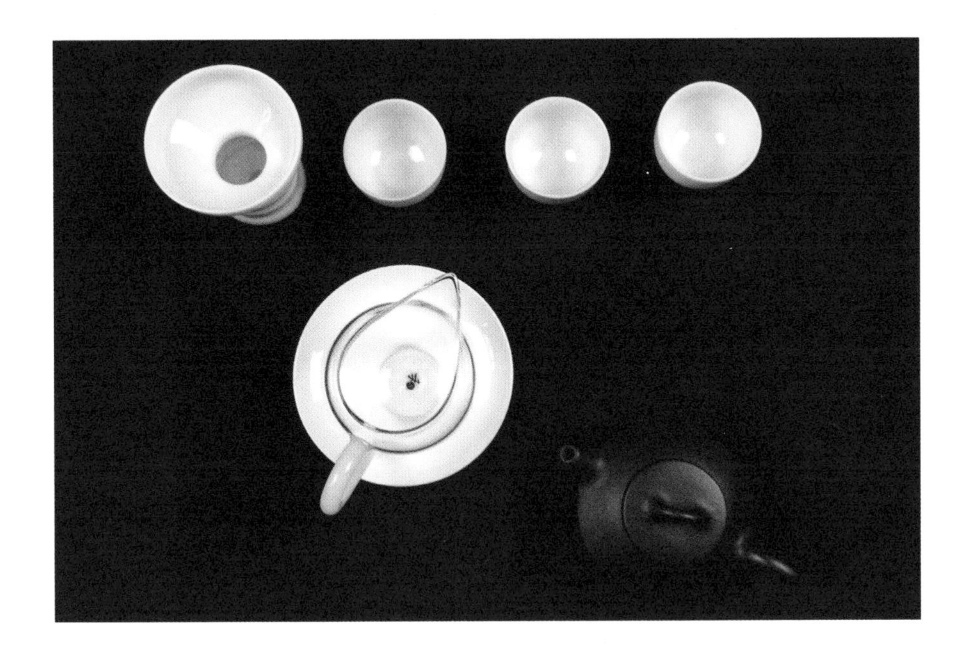

忌讳：一边操作，一边说话，或者是边操作，边想心事。

气要和。

和的前提是，身体和心理处在一个相对平衡的状态。否则的话就很难做到气和。心平气和就是这个意思。泡茶前，一定要调整好自己的呼吸，保证呼吸平顺。

忌讳：情绪大波动或者做过剧烈运动之后泡茶。除非不得已，不要在健康状态不好的情况下为他人泡茶。

水要静。

也就是说泡茶时，刚刚沸腾的水必须等到里面完全平静的时候才能开始注水。否则的话，就会造成注水过程中水流忽大忽小而不好把握注水的方向和力度。

忌讳：水未沸或壶中水尚在沸腾就开始泡茶。

手要稳。

唯有稳才能做到准确把握。无论是在注水、出汤，还是分杯的过程中，稳是最基本的要求。

忌讳：能力度忽大忽小，忽高忽低。

声要低。

无论是泡茶还是交流，不可发出高声。

忌讳：大声喧哗讨论琐事，冲泡过程中茶具之间发生碰撞而出声。

叁·以茶汤为作品的艺术创作——境

茶之境，艺之境，人之境。

茶水境器人·境

茶之境，艺之境，人之境。

茶事活动，其实就是一次对形式和内容都有比较高要求的审美行为。所以，这一过程中，对环境的要求也比较讲究。

自古以来，文人墨客对于喝茶的环境要求都很高。我们常人通常还处于“心随境转”的状态中，好的环境对于品茶体验的提升也是有着很大作用的，在某些时候，甚至都超过了品茶本身。所以，饮茶环境的营造一直也是人们关注的重点，甚至达到了一种不可想象的状态。

其实，从陆羽著述《茶经》开始，不仅陆羽本人对饮茶环境有所要求，更是把这种要求写入了《茶经》之中。他觉得相宜的环境有“野寺山园”“松间石上”“瞰泉临涧”“援跻岩，引绳入洞”和“城邑之中，王公之门”。他觉得在这几个地方喝茶是比较合适的。

仔细读下来，我对“援跻岩，引绳入洞”还是有些敬畏的，这也不是一般人可以做到的。其他四项，尚可施行。

当然，陆羽对于在室内喝茶，要求得就比较细致了，要“以绢素或四幅、或六幅，分布写之，陈诸座隅，则茶之源、之具、之造、之器、之煮、之饮、之事、之出、之略，目击而存。于是《茶经》之始终备焉”。正是因为如此，陆羽开创了室内茶事的一些基本规范，而这些规范就成了基本的茶道规则。在日本的茶道中陆羽的规则依然可辨。

陆羽有一个非常好的朋友，是一个僧人，名皎然。皎然也是一个非常喜欢茶的人。“晦夜不生月，琴轩犹为开。墙东隐者在，淇上逸僧来。茗爱传花饮，诗看卷素裁。风流高此会，晓景屡裴回。”这是他写的一首关于品茶活动的诗。从诗中我们可以看到饮茶的环境为“琴轩”，环境雅致，必然还有人弹琴。朦胧之境，有隐士，有逸僧，读诗，赏花，品茶，何其快哉！

这之后，无论宋、元、明、清，历代茶人都对饮茶环境都有各自的理解和要求，这里不一一详述。

中国人饮茶的习俗自从传入日本，日本人对饮茶环境的要求可以说是更苛刻了。从庭院、花木、茶室的大小、所挂之字画、瓶中所插之花……无不有清晰的、具体的要求。

作为现代人，我们如何去讲究饮茶的环境呢？

作为一个普通的茶友，可以根据自己的现实条件设计一个简洁的饮茶空间，不必多大，仅能容纳一几、一茶盘、一套茶具的小小空间也是可以的。

对于爱茶者来说，品茶环境需要做到：清、静、净。

清：这个环境中，没有太多可以让大家分神的东西。

静：整体的环境不能嘈杂，可以有些背景音乐，但是不可以喧宾夺主。音乐尽可能不要选择有唱词的。

净：无污染，无垢！也就是这个环境中无杂味异味。

个人认为，满足了“清、静、净”三字，其他的基本就都可以忽略了。当然，至于其他的装饰，在不破坏这三个基本原则的基础上都可以进行。

至于有能力者，想要把围绕茶事活动的空间设计得更加空灵、艺

术，当然也是没有上限的，前提仍旧是“清、静、净”，这是根本。在此基础上可以艺术化地发挥，只是要注意，千万不要让物质污染了茶的“俭”与“和”。

唯茶独尊是有害的

微信是个好东西，从中可以了解到很多我们以前不知道的事物。当然，碎片化阅读、自媒体带来的坏处也是显而易见的，那就是——泥沙俱下。因为自由，每个人都可以不加选择、不加斟酌地发表自己的观点。至于观点是否正确，没人去深究。

以前，对于微信里传播的关于茶的各种文章我并不是特别担忧，然而现在，我却有很大的担忧。因为这些文章为了吸引眼球，做了精心的编排，但是内容空洞，甚至错谬百出。然而，因为精美的图片，看似严谨的结构，令很多专家都以“这也是在宣传茶文化”的想法，动动手指就转发了。殊不知这种做法的害处是极大的，文章中一些错误的观点就这样被认同了。

当然，这类文章很多时候也被我拿来当作反面教材使用。从这些文章中，我们还是可以观察到很多的世相，甚至可以观照到自我的不足。宣传茶文化重要不重要？这似乎是不用回答的。然而，方法上是不是该讲究一下？对这一点有共识的人却很少。

为什么“先发出去再说”的观点被很多人认同和接受？一旦方向出了问题，未来想去校正是非常艰难的。就如在经济发展的时候，人人都说要先把经济搞上来，结果导致环境恶化，现在再来治理却有些回天乏术，而且某些伤害无法逆转，教训深刻。

一些关于茶叶技术性的文章，错点就错点了，问题没有多大，但是对茶人建设内心的文章，其实应该是一个更为严谨的工程，却往往漏洞百出。

学茶学什么呢？

无非宽容、接纳。而不是极端、唯我独尊！

前几天看到一篇朋友圈的文章。其标题大致是说“如果没有茶，中国人的素质就不可能提高！”

当然，我觉得这篇文章应该也会得到很多爱茶人的赞同和转发。因为它暗示着“我”（已经在喝茶的、爱茶的人）的素质已经很高了。不显山不露水地捧人，满足了内心暗藏着的虚荣，然后又以国民素质标榜，似乎又强调了我们的“责任”。如此一来，我们的信心爆棚，立刻转发。这种文章不动声色地绑架了你，你还很舒服。

这种说法是有强奸民意的嫌疑。中国传统文化中不乏优秀的东西，比如书法、字画、古琴……林林总总，难不成在这些领域中钻研的人素质就低下了？

想起前几年在湖南农大给学生们上课的时候，我问他们：“如果一个人说他不会喝茶，不懂茶，你们会怎么想啊？”

于是，学生们纷纷发言，“没品位”“没情趣”“没文化”……这些词我写了半黑板，大家的情绪也很高涨。

我让大家安静下来，问了一个问题：“如果这个人是当今最伟大的书法家，或者是画家，或者是文学家，你能说他没文化，没品位吗？”

教室里一下子就安静下来了。

我站在讲台上看着他们，他们也不知道该怎么回答了。

我告诉他们，茶是非常好的，但人生中有很多美好，不仅仅只是茶。茶只是我们修身养性的众多手段之一，它和有没有文化，有没有素质没有必然的联系，更不能说不懂茶、不喝茶就没有素质和品位。一个爱茶的人，是能包容、懂接纳的。如果因为爱茶，就去否认甚至无视他人的特长和优点，甚至出现这种“唯茶独尊”的言论，对于茶文化来说是有害的。

百岁老青砖

人如有百岁，必称寿星。茶有百岁，该怎样称呼？

老茶之所以能存下来是有原因的。中国人在很长时间里，认为喝茶贵新，陈茶在更多的时候只是当作药引来使用，或者是大量购买后堆在储藏间里被遗忘，一些从藏区寺院中收上来的老茶就是这样的。自二十世纪九十年代开始，喝老茶品老茶的风气逐渐盛行。于是，很多被遗忘的老茶被人们翻了出来，视若珍宝。这些老茶的存世量极少，特别是除普洱茶之外的其他黑茶类，如青砖茶、茯砖茶、黑砖茶等等。如果能遇到一泡存期三四十年的老青砖茶或者其他种类的老茶，都是难得的机缘，但这样的机会注定只能属于少数人。如果说能遇到一款百年的青砖茶，那应该是什么样的缘分呢？

只有一泡，就我所掌握的资料来看，这样的青砖茶存世也没有多少泡了，而普洱茶百年老茶还可以件论，相差何其悬殊，所以这一泡老青砖就显得弥足珍贵。

壶温，水热，把茶放入壶中，静置片刻，注水。

打开盖子，这款茶飘出的香气清雅，陈韵深沉，不张扬，和熟知的普洱茶老茶的香气能完全区别开来。这是第一次洗茶，凭嗅到的香气判断，这茶仅洗一次就已经极为干净了。

第一泡，注水，静候，出汤。

茶汤入口顺滑无比。茶味贵清，所谓君之子交淡如水，即深刻体现一个清字，清而无染无杂。清而不淡，是这老茶的特点。

清易寻醇难觅，醇指的是味厚而不腻，茶味清而又可以久久回味，实在是很难两全的。在那些存放环境干净适宜，内质又不错的老茶中都能找到清与醇。

所以醇也不难，难的是韵。韵是指在品茶过程中，体会茶的滋味、香气，从口鼻传达转至心灵的一种感受。这种感受会给你全身带来丰富体验，也就是我们常说的“体感”。

有韵也不难，难得的是“和”。茶主和，喝茶会让人和气、包容。好的茶喝下去，可以让你的身体为之一振，神思爽朗，感觉自己的身体一下子就通透起来，四肢百骸都舒坦，这就是茶的和。

和已难，然而，更难得的是“空”。空，借助佛教用语，空不是没有，不是无，是无我无执，无分别。这在佛教的修行中需要经过很长时间才能达到。能达到这种境界的茶也是茶中翘楚，难得一逢。当然，不排除在某种特定的情况下，茶好、人好、境好，亦可以使我们的心灵不执一物，从而达到“空”的境界之上。

遇到一款好的茶，则可以把所有的这些外因全部消除，既可以让我们达到口感、心灵上同时放空，回味时，却又感觉到空灵、生动、韵味悠长，其实这也就是为何会“禅茶一味”的源头了。

“空”而致“静”,而由静中入空。这两个是相互影响和相互促进的。也只有在静的时候，我们才会很好地思考一些哲理性的东西，才能进行自我反省和促进。这种促进也正是我们所需要的个人修养的提升和道德水准的修炼。

至静，则万物生起。这和道家所说的“道生一，一生二，二生三，三生万物”的道理一样。由茶入静，由茶致空，则可以心生万物。

佛说：“一即一切，一切即一，去来自由，心体无滞。”如果心已空，身已空，那么来去无碍，则可以心地澄澈，心生欢喜。

无味乃至味，实则有味，因为无味乃空，至味为太和。

这应该是好茶的基本标准，也是品茶的最高境界。无边无际，无始无终。

有人认为品茶是高雅的事情，而自己不会品茶。喝茶的目的就是为了减肥或者保健。对于执着于品茶的人来说，这些理由不屑一顾，太俗！

非也！

就像学佛之人，很多人开始学佛时，其目的也不一定是度人，或者度己，往往会抱着这样或者那样的目的。佛说：从贪著入门也并非绝对不可。《维摩经》曰：“先以欲钩牵，后令入佛智。”也就是说，先以某种方便使人们对佛教产生兴趣，然后逐步对其进行引导。比如澳洲的一些道场，便免费为大家提供素食。很多人到寺院来并不是对佛教感兴趣，是奔着免费素菜而来。但他们到寺院的次数多了，渐渐对佛教产生了感情，然后听听讲座，读读佛教书籍，认识也会有所提高，最终转入正确的发心。所以说，如果不是停留在贪著的基础上，而能通过闻思经教来树立正见，并以正见为指导，“勤修戒定慧、熄灭贪嗔痴”。那么，尽管是从贪著开始，最终却能放弃贪著，同样可以成就解脱。

喝茶、品茶和这个道理一样。无论源于何种目的，只要你端起了茶杯，或者想到了茶，无论你是以何种方式、何种目的接触着茶，或者与茶发生着这样那样的关联，都是有益的、可取的。

品饮黑茶需要心理上的准备。

黑茶品饮和其他茶类不一样，人们对黑茶的认知也明显滞后于其他茶类。把品饮绿茶、红茶、乌龙茶的感受带入黑茶的品饮中，会给品茶人带来较大的困扰。

品饮黑茶，客观上除了器具的准备和基本的冲泡技巧之外，还得有心理上的准备。

首先，它不如绿茶鲜爽。

习惯喝绿茶的朋友可能会习惯性地把它和绿茶相比，因为黑茶用料相对要粗老一些，且经过后期发酵，其鲜爽度无法和绿茶相比。如果有想把它和绿茶相比的念头，在此就要打消了。

其次，它不如红茶红艳。

其三，它的香气更比不上乌龙的张扬和霸道。

其四，它不如黄茶或白茶那样的恬淡。

和以上几种茶类所用的原料相比，黑茶不纤秀，甚至可以说欠精致。且饮用方法和方式相对粗放，所以对于追求精致生活的人来说，黑茶是比较难进入选择视野的。黑茶不具备这样或者那样茶的优点和长处，它却具备其他茶类所不具备的中庸、中和的精神和气质。

品黑茶，更多的应该体现在对人文的关怀上，对文化的关注上。所以黑茶的品饮也许更需要我们静下心来体会和回味。

禅茶一味之味

说起茶，谈起茶文化，很多人都眉飞色舞、口若悬河，什么“中华茶文化博大精深”“源远流长”“历史悠久”之类的华丽辞藻就如解冻的黄河之水一样，势不可挡、倾泻而下，非如此，不能证明自己对茶，对茶文化，对祖国的热爱。网上也出现了喝茶如何装酷的文章，可以让人分分钟装成茶叶领域的高手。不过，装的终究是装的，那茶依旧是在杯子里不悲不喜！

茶，一片树叶子！

对我来说，茶不仅让我从它的“色、香、味、形”中感受到大自然的美好，也让我切身感受到它带给我身体和心灵的安适！在被动的交往中，我毫无意识地、主动地爱上了茶，然而一切最终又复归于平静，已然不是爱和不爱的问题，只要想起，内心就漾满了小欢喜。

在经年的深爱中，更明白——茶只是茶，一片或春天，或夏天，或秋天采摘下来的叶子而已！你可以深处、可以淡淡喜欢，甚至是不带任何感情，只是口渴了，只是习惯了。这，只是一杯有味道的水而已。千人千茶，千茶千味，全看各自的心境，或者曾经的过往。

所谓情人眼里出西施。很多人对茶有着别样的情结，容不得他人说茶一丁点的不好。这有点儿像当今网络上常说的“脑残粉”的状态一样，不过他们迷的是人，“爱茶”的人迷的是“茶”而已！对象不同，其表现的语言行为却是差不多的。当然，“爱茶”的人还是会觉得自己要“高尚、高雅”很多。正因为如此，所以我们也就容易“不识庐山真面目”了。

目前茶文化在走两个极端：

第一，没有底线地神化，几乎容不下任何质疑。假若有人说了茶的坏话，就像动了他们家祖坟一样，非如此不能显示他对茶的爱有多深！

第二，否定一切和精神有关联的说辞，把茶药品化。强调茶的种种功能，譬如减肥、清脂、降三高……不一而足！可怕的是，我看到一篇文章，里面详细介绍了各种疾病该喝什么茶，具体到了某一个品牌的某一年的茶。其病症包括妇科病、前列腺病、癌症……由此而来的就是在各种因茶叶而举办的活动中，找几个漂亮的小姑娘在那儿搔首弄姿摆弄着茶具，说着经不起推敲的台词，表演着不知所云的茶艺。然后就是我们的某些专家喷着酒气，两眼迷离地用实验室的数据跟你讲茶叶的种种功效，仿佛当年我们的祖先是因为预先知道了茶叶里含有这么多的内涵物质才决定喝茶似的。

茶叶，在此刻，完全药品化、功能化。我们不得不面对的是：单就某一功能来说，和专治某病症的药物来比，其功能药效简直可以忽略。而所谓的文化，此刻的宣讲就变成了茶文化史、茶叶加工史、茶叶传播史、茶叶加工工艺的介绍。

文化，彻底在一片叶子上搁浅！

当局者迷！不可否认的是，有的茶人确实是迷了，心中只有茶，眼中只有茶，口中只有茶。只是，茶是用来干什么的，却已然忘了。

我们的专家不断地说我们要推广某某茶文化，然而当你仔细去问

某某茶文化具体是什么时，你看到的可能是一张茫然的脸。

当然，有的人是清醒的，清醒地知道问题的症结在哪里，只是因为怕痛，怕伤心，甚至是怕伤害，于是干脆就装迷糊，这样的人既可怜，又可恨。他可以做到左右逢源，因为他有过心痛，也会心疼，同时也知道迷糊的好处。所以，这样的人就时不时有些所谓的经典的、深刻的话被人记住。

记得有一句话：你永远无法唤醒一个装睡的人。在此，我不能不说，我们多少爱茶人都在装睡啊……作为同人，我还是希望更多的朋友如果是真迷（遗憾的是，真迷的人是不知道自己处在迷中的），那么请试图向围墙外看看吧，这世界是缤纷的，也是丰富的。装睡的同人，不要再骑在墙上了，当你为了你内心长久的幸福在付出的时候，当你的肩上开始有了责任的重量时，你才能收获到沉甸甸的成就感。

俗话说："早起开门七件事，柴米油盐酱醋茶。"我们无比清醒地知道，其实，对于大多数的中国家庭而言，茶，并不是必备的七件事之一。世界好多国家的人均茶消耗量都超过了中国。我们还好意思说茶是开门七件事吗？

茶，其实只是一片从树上采摘下来的，可以用来泡水喝的树叶而已。它的本质是一片树叶。

最早，它满足了人们对健康（祛疾）的需要，被人们奉为仙草。后来，它又成为人们调剂生活、精致自己的一个必备之物，所以几千年来一直被追捧。

然而，无论人们如何追捧，茶本身的性质是不会因为价格的不同而发生改变的。

茶，本质是一片树叶，因为人有这样那样的欲求，才有了这样那样（优雅或粗俗）的模样。

风动！ 幡动！ 心动！

我们先来看一则故事，该故事记载于《六祖坛经》，是关于禅宗六祖慧能的。慧能去广州法性寺，值印宗法师讲《涅槃经》，有幡被风吹动，因有二僧辩论风幡，一个说风动，一个说幡动，争论不已。慧能便插口说：不是风动，也不是幡动，是仁者心动！大家听了很为诧异。究竟是风动、幡动，还是心动？

我们还有一个故事可以参考。

有一妇人问禅师，什么是禅呢？禅师说，挑水的时候挑水，煮饭的时候煮饭！这是我们最常见的涉及禅或者禅宗的公案。

这就是禅吗？

显然，这也不是。《金刚经》中说："凡所有相，皆是虚妄，若见诸相非相，即见如来。"就是说当你以为自己抓住了什么，已然明白了禅的真义时，其实也是你离禅最远的时候。

会说这句话、知道这句话的人多如牛毛，真正去体会和用这一要求去规范自己所思所想所行的人少之又少。

其实这两个公案可以说明禅宗里的两个重要元素：一切唯心所造、安住当下！

是不是把这两点弄明白了就可以"悟"了，就是开悟了？

非常抱歉，当这一念头生起的时候显然未悟。曾经有一次，有一个人高兴地打电话说"我开悟了"，我也就只好恭喜他了。

先搁下关于"悟"的问题。我们来看看我们想要什么吧。这个方向性的问题不解决，谈太多的细节只能让自己更加混乱。

修禅的目的无非"自我解脱""自度度他"。无论是哪一种，首先都要提升自己“度”的能力。就如你想下水救人，你首先得先练好游泳技术。否则的话，不仅救不了别人，连自己的性命也保不住。

第一个公案给我们的提示就是禅所解决的是“关于心的问题”。事件的好坏，无非系于一念。如果心不关注，其实风也不在，幡也不在了。所以习禅的过程，无非修心。

如何修心？

我们来看第二个公案，其实这个公案就已经给了我们答案：在日常生活中做到每一个当下心思都不散乱，不被妄想所牵引。

如第二公案中这么简单的事情还是参禅吗？参禅没有这么简单吧？

何其简单！只是，有几人真能做到呢？

吃饭的时候捧着手机，睡觉的时候也捧着手机。我们的心思被遥远的人和事牵绊着，而不是这个当下——吃饭或者睡觉！

不说每一秒，哪怕是每一毫秒，我们所生的念头都不计其数。有过打坐经验的人就知道，刚刚开始打坐时，才发现要真正做到哪怕是半分钟或者几秒钟让自己不胡思乱想都十分困难。

说了这么多，能不能做到呢？当然是可以做到的，那么多高僧大德的示现就是告诉我们——这是可以做到的。重要的是我们要脚踏实地地去做，一点一滴地去做，在内心完成“我是成就之人”，然后按照成就之人的要求去做，最后我们才能成为成就之人。否则，我们会的也就是嘴皮上的功夫，对我们内心的成长和安宁的建设毫无助益。更为可怕的是，不知道的人以为禅就是如此，就是嘴皮上说的快活。

那么，禅是什么东西？

为什么古往今来，无数的人都在说？到现在为止，它都只是一个话题，一个字眼，一个捉摸不到、看起来怪怪的而又空灵的东西。

禪

禅是飘逸的，禅是不被琐事纠缠的，禅是来去无牵挂的。只是，禅是什么？这些来去无牵挂的是不是真的和禅就成为一体呢？

应该说，他们是禅的受益者，却未必能把禅是什么说得明白。就如我们每天都吃饭，也因为吃了饭，我们就不饿，就能很好地工作，健康地生活，却说不清楚饭是什么，为什么能饱。当然，我也不能说明白禅是什么，我却知道，如实修行，内省的安宁和喜悦可以得到无限的增长。在此，我也只是想就自己所受的一些利益和人分享而已。

修禅，修这一字在这里作“学习”讲。所以，我们一开始是要去学习关于禅的一些知识的，这一个组合可以理解为“学习禅”。

行禅，行在这里作为“行动和实证”的意思。也就是说，把我们学习来的知识通过实践去印证它。否则，我们也就只是落下了一个“口头禅”而已，对我们没有一点实际意义。

综合看来，“修行”二字，所包含的深意远不是我们平日里随便说说的那样，也不是此刻想到做到，过后不管；而是时时刻刻都在，时时刻刻都有，时时刻刻在做，串习成就以至于“无所住而生其心”。这才是我们在谈到修行时所要做到的，而不是一听到别人说修行，然后就去盯着这个人，看看他有哪些没有做到。

禅本身应为一种状态，而不是某一种特定的行为、动作，更多的是这一行为背后所代表的一种精神高度。这样说其实也还不是准确的。然而，修行不仅仅是学习关于禅宗的知识，更是用这样的知识来规范自己的日常思想、行为。

我们再来看看百度百科中关于“禅”的解释：人生中的烦恼都是自己找的，当心灵变得博大，空灵无物，犹如倒空了烦恼的杯子，便能恬淡安静。人的心灵，若能如莲花与日月，超然平淡，无分别心、取舍心、爱憎心、得失心，便能获得快乐与祥和。水往低处流，云在天上飘，一切都自然和谐地发生，这就是平常心。拥有一颗平常心，质朴无暇，回归本真，这便是参透人生，便是禅。

说了这么多是不是就可以解决“禅”的问题了？个人觉得还是有待深入探讨的。不过希望这一“砖”能砸出大家心中之玉。

禅茶一味是什么味？

如果心中无禅，哪杯是禅茶？如果心中有禅，何处不是禅？哪杯不是禅茶？

通过前文，我们知道了“禅”和“茶”大致是一个什么样的情况。然而，茶这么一片简简单单的叶子，如何与禅是“一味”了呢？一味的意思是什么？

一味：佛经中以如来教法，喻为甘味，因其理趣之唯一无二，故曰一味。

《法华经》说：“如来说法，一相一味。”《涅槃经》说：“又解脱者，名为一味。”

《金刚经》说：“须菩提！于意云何？如来得阿耨多罗三藐三菩提耶？如来有所说法耶？须菩提言：如我解佛所说义，无有定法名阿耨多罗三藐三菩提，亦无有定法，如来可说。何以故？如来所说法，皆不可取、不可说、非法、非非法。所以者何？一切贤圣，皆以无为法而有差别。”

如来说法几十年，最终说自己什么都没有说。缘何？“一切有为法，如梦幻泡影，如露亦如电，应作如是观。”如果希求在这一篇文章里找到禅茶的具体样子，很遗憾，我不能保证。

在佛教中，一般认为：世界唯心所造。也就是说，世间一切，无非是内心的映现而已。也就是说，一切的悲欢喜乐，不过是因为你生起了什么样的欲望而带来的结果而已！当我们的欲望得不到满足的时候，我们就会生出无尽烦恼，当我们的欲望满足了之后，我们就无比高兴。

有人问，僧人做的茶是禅茶吗？

高僧大德加持过的茶是不是禅茶呢？

“凡所有相，皆是虚妄”，所谓加持云尔俗谛也，非高僧大德所为。不宜讨论，或者需详加讨论。

可以说是禅茶，也不是禅茶。如果你心中充满了对佛法僧三宝的

恭敬和信心，这当然是禅茶了。其实，即使不是僧人做的，没有经过高僧大德的加持，只要你心中有禅，天下任何一杯茶都是禅茶，任何一片叶子，都是佛的示现，都是慈悲，无碍。

当然，如果你的内心充满了虚荣，这就是一片能满足你虚荣的叶子，或者是能够满足你自我安慰的茶叶而已，和禅茶没有一分一毫的关系。即使是高僧大德加持过的，也只是一杯有加持力，或者是被加持过的茶而已，和禅茶也没有多大的关系。

佛教讲相应，如果内心无佛，你待在佛堂，也只能看到木头或者石头。

我们再看一个公案。一天，苏轼和佛印在一起打坐。苏轼问：你看看我像什么啊？佛印说：我看你像尊佛。苏轼听后大笑，对佛印说：你知道我看你坐在那儿像什么？就活像一坨牛粪。苏轼回家就在苏小妹面前炫耀这件事。苏小妹冷笑一下对哥哥说，就你这个悟性还参禅呢，你知道参禅的人最讲究的是什么？是明心见性，你心中有眼中就有。佛印说看你像尊佛，那说明他心中有尊佛；你说佛印像牛粪，想想你心里有什么吧！

所以，心中若无禅，偏要去喝禅茶，谈茶禅，其实也不过是缘木求鱼而已。

弄个木鱼儿，或者是钟磬，结几个手印，穿着素服，泡泡茶，就是禅茶了吗？曾经有人专门为我表演了这样的一套禅茶。看完之后，请我评价，我只好说：眼中无茶，心中无禅，谈什么禅茶呢？

也曾经和出家师父聊起当今的所谓禅茶问题，她说："他们的禅茶就是双枪老太婆的表演。"妄想用几个偈语，生拉硬配地和茶的动作拼接起来，用几个手印就以为这是禅茶，岂不是贻笑大方？

关于禅茶，其实也涉及佛教中经常提到的"体、相、用"。如果不能明白这三点之间的关联，我们很难真正理解茶和禅的关系，更不能体会到所谓的"禅茶一味"的真正含义。

体、相、用三者密不可分。没有相、用，就不能证明有体。然而，可悲的是我们平时只能看到相，而看不到体。

关于体、相、用，张有恒教授的阐述特别精到：

"先说'体'，一般而言，万法之本体，即为万法之'性质'。所谓'性'，系以'无改'为义，是不生不灭，永远不变，系所谓'法尔如是'的。对无情众生而言，称之为'法性'；对有情众生称之为'佛性'。'性'是无形无相，如姜之性热，黄连之性凉，皆不可眼见，亦不可耳闻；又如花之有香、镜之有光，空中之电磁波，双手摸不着，但它却确实存在。

"次说'相'，相包括有三种，表现在外的，包括'物理现象'和'生理现象'；想象于心者，称之为'心理现象'。万法本体虽空，但当因缘条件具足时，就现出一切现象来，如土石积山、氢氧化水；而因缘条件分散时，本来无相，因此佛说：‘因缘所生法，我说即是空。’所以一切的现象都是暂时的假有，不能永远存在。如‘物理现象’会产生‘成、住、坏、空’的变化，‘生理现象’会有‘生、老、病、死’的过程，‘心理现象’会有‘生、住、异、灭’的流转。故知不论物质现象和心理现象，都是因缘假合，无有实法，正如《金刚经》所言：‘凡所有相，皆是虚妄。’可惜，众生迷惑颠倒，误以为真实，一味着相，故常被相所转，而不能转相。

“再说‘用’，万法的作用，各个随相而改变。例如，液体三态（水、气、冰），各有不同的作用力，如水能灌溉，蒸汽能推动轮船，冰能贮存食物，可知相既转变，其作用亦随之改变也。”

当然，众生还是众生。在很多时候，我们不能回避的是：我们还是愿意看到“相”之美！也就是说我们只能看到一尊尊泥塑的木刻的菩萨佛像，而看不到背后的慈悲和智慧！这和目前茶叶界的现象极为相似。

有的人喝茶，遍寻名贵的杯子、名家的紫砂壶、最好的木器，为了这些器物，殚精竭虑，却恰恰忽略了泡茶最需要的是内心的建设。这其实也是一种取巧的做法，毕竟器物花钱就可以买到，而且很多时候效果立现。

这和吃泻药来减肥一样，毕竟长期自我约束还是颇为痛苦的。殊不知前者的危害是极大的。所谓“慢工出细活”，对心灵的建设也是如此。古往今来，所有成就了大事之人，无不如此。

透过现象看本质，这和佛理一般无二。

全然否定“相”是不对的。对我们来说，看到庄严的庙宇，看到慈悲自在的佛像，我们会油然生起恭敬心，而少了傲慢。

我辈愚昧，深陷无明之中，往往因为向往禅或者禅茶之境而借力于某一方便法门，但当我们借力于某一方便法门之时，我们又迷在相中不能自拔。切勿以为这就是“禅”或者“禅茶”。

关于“禅茶”，我们也许要从大家熟知的一些元素中去做一些深度的解析，比如“相应”“空性”“因缘”“放下”“慈悲”。这些解析都会深入到我们的生活之中。也就是如何去理解“生活禅”。禅茶是什么？禅茶其实就是一种生活状态。

修行之难，自古高僧大德有无数的著述。重要的是我们如何严格按照正法的方向去修正。

提到茶，是谁心动了呢？

当我在写这个题目的时候，是谁心动了呢？还是我自己心动？还是正在看文章的你或他？

至为可惜的是：禅，成了抬高我们自己，显示我们“知道”得很多的一个工具，而不是利于我们生活的一个有益的帮手。

世界在吾心

禅宗讲“不立文字”，因为担心有“以手指月”之误。我们总是囿于自己的见识，对很多的人和事妄自菲薄，以为自己是对的，是聪明的。

其实，不然。

写下这几个字的时候，又忍不住痛，为我们的自以为是。这似乎是个迷局，这里竟然是一片黑暗，我知道自己要走出这片黑暗，我也想更多的人一起走出这样的黑暗。

只是，我却犯了一个致命的错误 :“以手指月”。就如对茶，以及茶文化的认知上一样。

心是重要的，大家都知道。然而，我们却总是在一些细节上纠缠不清。

然而，这些细节其实也是直接指向心的。在讲解和教授的过程中，我却总是无力在相对短的时间里把这个问题阐释清楚。

当然，我知道这里需要更多的时间，我们面对的一个局面是，时间总是匆匆而过，于是，牵挂、留恋、遗憾，还有意犹未尽的幸福，就这样和行李箱跟我一起上了飞机，又回到了北京。

我是幸福的，当我在面对茶的时候，当我的心里只有茶的时候，没有一丝一毫的杂念，如沐春风！然而，我是多么想把我所知道的一切，还有这样的一份美好带给更多的人，让更多的人爱上茶，在纷纷扰扰的世界里尽可能地找回属于内心里的自己。

再由茶及人，及至人生，无处不是学问，也无处不是歧路。我们对同样的一段文字做着自己的解读，或者快乐，或者悲伤。

有人说，最美的三个字是：我爱你。

不幸的是，这三个字对于某些人来说也许就是毒药。只是所经历的人和事不同，对同样的一件事或一个人看法就有了巨大的差异。

快乐与否，完全是看你从哪个角度来看。

世界在哪里？在你的心里！

快乐在哪里？在你的心里！

悲伤在哪里？在你的心里！

你又在哪里？还是在你的心里！

我在哪里？我在茶里。

我愿意在茶里沉沉地睡着，一直都不会醒来。我会做梦，梦里会有微笑，直达心底的微笑。我也愿意你和我一起微笑。

昨夜梦到喝六十年代的青砖茶了，今天就喝了。你说，能不幸福吗？

肆·以茶汤为作品的艺术创作——器

一时、一地、一茶、一人，
能做到刚刚好，其实就是完美了。

茶水境器人·器

从唐到现在，一千多年里，茶叶的加工方式、品饮方式都有了很大的改变，因此，人们对茶具的选择也有了一些差异。

根据当时的条件，陆羽在《茶经》中，精心设计了适于烹茶、品饮的二十四器。

在茶具的选配上，古人和今人都有自己独到的观点和视角，也算是各取所需吧。世上没有一种茶具可以满足所有人的需要，也没有一种茶可以满足所有人的口感。一时、一地、一茶、一人，能做到刚刚好，其实就是完美了。

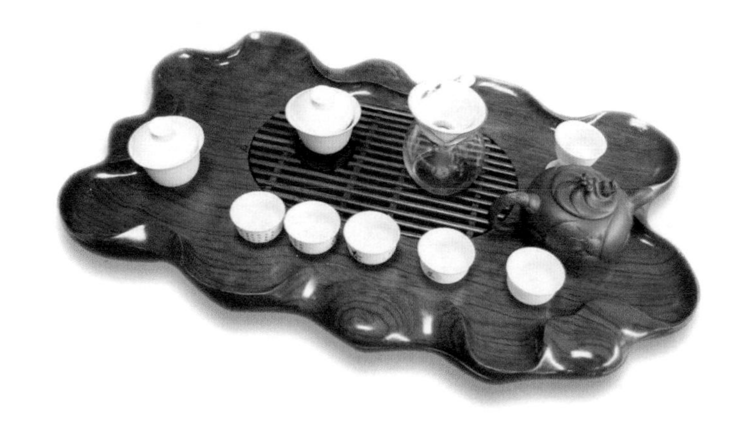

如何选择茶器，我在这里提供几种思路和大家分享。

其一，因茶不同而不同

品茶，很多时候，讲究的是一种情趣，呈现的是一种个人的志趣，在对茶、对水、对人有所要求之外，对茶具亦要有所选择。然而茶有千百种，我们就要根据茶的不同特性，选择合适的茶具，从而可以更好地体现茶的色香味。

先看看我们的先人是如何根据茶的不同而选择茶具的吧。

唐代人喝的是饼茶，饼茶须烤炙研碎后，再经煎煮而成，这种茶的茶汤呈“淡红”色。一旦茶汤倒入瓷茶具后，汤色就会因瓷色的不同而发生变化。越瓷为青色，倾入“淡红”色的茶汤，呈绿色，而邢州瓷白，茶色呈红。陆羽从茶叶欣赏的角度，提出了“青则益茶”，认为青色越瓷茶具为上品，所以有“邢不如越”之说。这也说明，唐人是依据茶汤的颜色来选择茶具的，考虑的是如何能让茶汤更美！

从宋代开始，饮茶习惯逐渐由煎煮改为“点注”，团茶研碎经“点注”后，茶汤色泽已近“白色”了。这样，唐时推崇的青色茶碗也就无法衬托出“白”的色泽。而此时作为饮茶的碗已改为盏，这样对盏色的要求也就起了变化：“盏色贵黑青”，宋代人认为黑釉茶盏才能反映出茶汤的色泽。这就是兔毫盏兴盛的主要原因，这也是因着观色而来的。

再看看现代，建盏也是卖得越来越火。它满足的又是什么呢？就我个人的经验来说，用建盏来观汤色几乎是毁灭性的。当然如果把建盏当成艺术品来欣赏，倒是无可无不可。

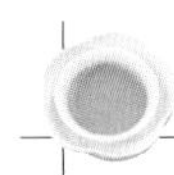

元代时间太短，在泡茶、饮茶上尚没有特别出色的地方。一百年之后，茶叶的品饮方式即将迎来一个开天辟地的变化，而这种变化的影响力一直延续到现在。

明代初期，人们已由宋时的团茶改饮散茶。芽茶泡后茶汤颜色已由宋代的“白色”变为“黄白色”，这样对茶盏的要求当然不再是黑色了，而是时尚“白色”。对此，明代的屠隆就认为，“莹白如玉，可试茶色”。

明中期以后，随着瓷器茶壶和紫砂茶具的兴起，人们对茶汤与茶具色泽不再给予较多的注意，转而追求壶的雅趣。

清代以后，茶具品种增多，形状多变，色彩多样，再配以诗、书、画、

雕等艺术，从而把茶具制作工艺推向新的高度。此时多种茶类的出现，又使人们对茶具的种类与色泽，质地与式样，以及茶具的轻重、厚薄、大小等，提出了新的要求。

一般说来，饮用花茶时，为便于香气的保持，对汤色没有特别的要求，所以当我们泡花茶的时候，特别是家庭里，可用白瓷壶泡茶，然后斟入瓷杯中饮用。

饮用大宗红茶和绿茶，讲究的是随意、随心和方便。在不损害健康的前提之下，兼顾口感和达到便利的结果。

乌龙茶通常讲究“工夫”，所以选用盖碗和紫砂壶也是适当的。

饮用红碎茶与工夫红茶，可用瓷壶或紫砂壶来泡茶，然后将茶汤倒入白瓷杯中饮用。

名优绿茶外形通常都极具观赏性，所以，为了欣赏茶叶的外形，在茶具的选择上则是以透明为主。譬如水晶和玻璃的器皿为第一选择。当然，如果为了赏味，我建议还是选择盖碗和其他瓷器。

黑茶在冲泡的时候，其外形一般来说比较粗老，不太符合我们对茶叶外形上的审美，还是选择用紫砂壶比较好。

其二，因地不同而不同

此处的地，是指喝茶的环境，比如办公室白领，所能泡茶的工具和环境是十分有限的。在狭小空间里，时间也不富余的情况下，如何选择合适的茶具满足自己对茶的享受呢？

对于办公室的工作人员来说，飘逸杯是一个很好的选择。

对于一般家庭来说，普通的玻璃杯或者瓷壶都可以满足我们对茶的需求。

福建及广东潮州、汕头一带的居民，习惯于用小杯啜乌龙茶，故选用“烹茶四宝”——潮汕风炉、玉书碨、孟臣罐、若琛杯泡茶，以鉴赏茶的韵味。潮汕风炉是一只缩小了的粗陶炭炉，专作加热之用；玉书碨是一把缩小了的瓦陶壶，高柄长嘴，架在风炉之上，专作烧水之用；孟臣罐是一把比普通茶壶小一些的紫砂壶，专作泡茶之用；若琛杯是只有半个乒乓球大小的2至4只小茶杯，每只只能容纳4毫升茶汤，专供饮茶之用。小杯啜乌龙，与其说是解渴，还不如说是闻香玩味。这种茶具往往又被看作是一种艺术品。

四川人饮茶特别钟情盖茶碗，喝茶时，左手托茶托，不会烫手，右手拿茶碗盖，用以拨去浮在汤面的茶叶。加上盖，能够保香，去掉盖，又可观姿察色。选用这种茶具饮茶，颇有清代遗风。至于我国边疆少数民族地区，至今仍习惯于用碗喝茶，古风犹存。

如果出门在外，我们可选择的茶具其实也是很多的，如黑茶可以用保温杯直接闷泡。

其三，因人不同而不同

每个人因为各自的经历不同，对审美的要求也是不一样的，所以对茶具的要求也不同。往往我们可以从茶具的选择中看到这个人的情趣爱好。

历代的文人墨客，都特别强调茶具的“雅”。宋代文豪苏东坡在江苏宜兴蜀山讲学时，自己设计了一种提梁式的紫砂壶，“松风竹炉，提壶相呼”，独自烹茶品赏。这种提梁壶，至今仍为茶人所推崇。

清代江苏溧阳知县陈曼生，爱茶尚壶。他工诗文，擅书画、篆刻，于是去宜兴与制壶高手杨彭年合作制壶，由陈曼生设计，杨彭年制作，再由陈曼生镌刻书画，作品人称“曼生壶”，为鉴赏家所珍藏。

在脍炙人口的中国古典文学名著《红楼梦》中，写栊翠庵尼姑妙玉在待客选择茶具时，因对象地位和与客人的亲近程度而异。她亲自手捧“海棠花式雕漆填金‘云龙献寿’”的小茶盘，以极其名贵的“成窑五彩小盖钟”沏茶，奉献贾母；用镌有“晋王恺珍玩”的“(𤓰)爮斝”烹茶，奉与宝钗；用镌有垂珠篆字的“点犀”泡茶，捧给黛玉；用自己常日吃茶的那只“绿玉斗”，后来又换成一只“九曲十环一百二十节蟠虬整雕竹根的一个大盏”斟茶，递给宝玉。给其他众人用茶的是一色的官窑脱胎填白盖碗。

现代人饮茶时，有的人对于茶有自己的特殊需求，有的人就是为了完成自我审美的把玩。他们在对茶具的选择上简直可以用苛刻来形容。

有的人会刻意去选择一些老的茶具，比如用老杯子来喝茶，这些杯子未必好看，却是有古意的。

有的人对华丽的茶具会有一些特别的爱好，包括银壶、铁壶，以

及名家所制作的茶具。

有的人因为在喝茶的口味上有特殊要求，所以对茶具的选择可能是在进行了大量的对比之后，选择一款从色香味等方面都能满足自己需求的茶具。

其实无论是哪一种选择，如果通过喝茶可以满足我们对自己幸福的表达和实现都是极好的。

对于任何一个人、任何一款茶、任何一款茶具来说，没有终极的好，只有当时当地和你的心情及审美情趣相应的茶具，从而建构当下的完美和幸福。

永远缺两碗

很早就读《红楼梦》，喜欢张爱玲的时候，看到张爱玲说人生三憾："一恨鲥鱼多刺，二恨海棠无香，三恨《红楼梦》未完。"深以为然。后来，读了《茶经》，再后来一遍又一遍地读《茶经》，现在三憾变成了：一恨鲥鱼多刺，二恨海棠无香，三恨《茶经》说不清。

恨不得弄台时间机器，回到唐代找陆羽先生问个明白，您的煮茶法到底是怎么操作的？留下来的"隽永"准确作用是什么？酌茶的时候永远缺一两碗，是要传着喝吧？又说要趁热喝，几个人传一碗茶，轮到剩下的那几碗恐怕就凉了，具体怎样操作？或者几个人闷头不语，快速接茶碗、喝一口、传给下一位，这样的场景想起来好滑稽，一点也不风雅，难道真的是这样的吗？

按照陆羽先生《茶经・五之煮》和《茶经・六之饮》中的描述，煮茶法的步骤应该是这样的：

1. 将煮茶专用的生铁锅（锅边带耳，宽边，深底）放在风炉上，开始煮水。

2. 水第一次沸腾，撒入适当的盐。

3. 水第二次沸腾，先舀一瓢水出来，用竹筴搅动热水，量取适当茶叶末从中心投下。稍候，等水再次沸腾溅沫，用刚刚舀出的水慢慢淋入，使水保持微开状态但不大沸腾，可以煮出更多的沫饽。

4. 这次沸腾的水，要把最上面带有黑色云母状的沫子刮掉，这个是水膜，味不正。

5. 舀取一碗茶汤，这是隽永，留在碗里以备育华救沸之用。

6. 以上继一沸、二沸之后，是水慢慢煮，不断有水止沸育华的过程，这次慢煮正如《茶经 • 五之煮》中所说的（“其沸如鱼目，微有声，为一沸。缘边如涌泉连珠，为二沸。腾波鼓浪，为三沸。已上，水老，不可食也。”）是三沸，这时候不能再煮了，要把煮茶锅端下来。

7. 酌茶。要把茶碗排排放，把煮好的茶汤包括上面的沫饽平均分到各个碗里。茶汤第一次盛出的“隽永”最好，然后盛出来的第一、第二、第三碗次之，第四、第五碗之外就不堪喝了，除非太渴。

（凡酌，置诸碗，令沫饽均……诸第一与第二、第三碗次之，第四、第五碗外，非渴甚莫之饮。凡煮水一升，酌分五碗，乘热连饮之，以重浊凝其下，精英浮其上。如冷，则精英随气而竭，饮啜不消亦然矣。）

8. 这里有几个酌茶（或煮水）的规则：

（1）凡煮水一升，酌分五碗——如果煮了一升的水，也就是茶汤为一升，可以平分为五碗。

（2）煮水之时要有水量控制，想茶珍鲜馥烈，煮水要控制在三碗的量；口味放宽，可以煮水五碗。这里有人说，原文“夫珍鲜馥烈者，其碗数三；次之者，碗数五”不是指煮水的时候，是说酌茶时候的头三碗和接下去的四、五碗。这样说是不正确的。都是一个锅里煮出来的，而且酌茶的时候明确说是排好碗，平均分配茶汤，那么就不存在头三碗怎样好，后面的两碗怎样不好了，确切的理解应该是指煮水的时候水量的控制。

（3）当坐客有五人时，煮水三碗，行三碗茶；当坐客有七人时，煮水五碗，行五碗茶。（“夫珍鲜馥烈者，其碗数三；次之者，碗数五。若坐客数至五行三碗，至七行五碗。若六人已下，不约碗数，但阙一人而已，其隽永补所阙人。”）这里涉及唐人是怎样喝茶的，行者，就是一碗一碗地传着喝。否则五人喝三碗茶，七人喝五碗茶就解释不通。但是也可以这样理解，当坐客有五人时，煮水三碗，煮好分酌时可均分五碗，只是这具体分酌茶汤的细节陆羽老先生没讲而已。

若六人以下，也可以不管煮水的碗数，只是比人数少一碗即可，酌茶的时候把隽永也分酌到各碗中，就不用隽永止沸育华了。

以上整理了《茶经》煮茶法的基本程序，那么问题来了。

煮水的时候，到底怎样控制茶水比例？

如上文解读，五人行三碗，七人行五碗，这是缺两碗，但又说六人以下不计碗数，只缺一个人就行了。五个人，明明是三碗啊，到底是缺两碗还是一碗？

隽永的运用，具体怎样操作？

在水二沸之后加入茶末，将面上带有黑色云母状的沫子刮掉，舀取一碗茶汤，叫作隽永，书上写是以备育华救沸之用。二沸之后是三沸，书中说三沸之后的水不能喝了，也就是说三沸后就把锅端下来。那如果用隽永育华救沸，就是要在二沸后慢慢育华的过程中，还要把隽永渐渐加入到茶汤里，加完了，等大开了就是三沸，需要离火。这个过程其实有点类似于煮饺子，水开后加冷水的过程。这样说来，隽永最后是不存在的。那么，书上又说，“若六人以下，不约碗数，但阙一人而已，其隽永补所阙人”。表明酌茶的时候隽永还存在。这个矛盾之处怎么解决？五人行三碗，七人行五碗，隽永可以不存在？六人以下，隽永是要留下来的？或者说，去掉五人的情况，当有四人、三人、两人喝茶时，隽永是要留下来的？

到底是怎样喝茶的？

五人行三碗，七人行五碗，从原文里可以看出，五人、七人的情况是需要“行茶”的，就是传着喝。文中还强调要“乘热连饮之”，所以场景应该是：五人或七人默默不语，轮番传茶碗，直至最后一碗喝完。这景象令人想象起来，多少有点滑稽。我担心的是，五个人分一碗茶，若到第三个人那里喝干了怎么办？看来这种饮法的心理基础是为他人着想，的确君子茶。

情况回到“六人以下”来，原文：“若六人以下，不约碗数，但阙一人而已，其隽永补所阙人。”这样说，六人以下的情况是不需要缺两碗了，比如四人，煮水的时候缺一个人的量煮水三碗，盛出来的时候先是隽永，但这次隽永留下来，三沸离火后盛出来两碗，合在一起还是三碗，依然三碗传着喝。

现在开始有点理解陆羽老先生为什么分成七人、五人和六人以下来讨论。人少和人多喝茶，的确不一样，又要考虑每人能传喝到，还要考虑茶汤最大化的“珍鲜馥烈”，人少了又不必要弄得太隆重，于是就有缺两碗和缺一碗的差别了。也许更少的人数喝茶，比如三人、两人，就不会传饮，酌茶的时候均分三碗或两碗，同时饮用罢了。这个喝茶的推断也不知道对不对？

说来道去，还是陆羽老先生文字太简练。为什么会这样呢？因为《茶经》这本书传达的是陆羽老先生的茶道理念，所以只重其意，不重其技。

古人崇尚领悟，煮茶的过程处处充满领悟，时刻需要动态掌握平衡，后人根据一本书按图索骥，实在是难了。

从面临的这些困惑和问题中还可以看出，我习惯了西式思维——条分缕析地对一件事情逐项分析和操作，却弱化了中式思维——洞悉整个事件精神的能力。

不管怎样，我的愿望没有变，如果有一个仙女帮我实现三个愿望，我一定要用一个去拜访陆羽先生，看他煮茶，看他们喝茶，这是我对唐代最大的向往。

《茶经·五之煮》

凡炙茶，慎勿于风烬间炙，熛焰如钻，使凉炎不均。特以逼火，屡其翻正，候炮出培塿状蟆背，然后去火五寸。卷而舒，则本其始，又炙之。若火干者，以气熟止；日干者，以柔止。

其始，若茶之至嫩者，蒸罢热捣，叶烂而芽笋存焉。假以力者，持千钧杵亦不之烂，如漆科珠，壮士接之，不能驻其指。及就，则似无穰骨也。炙之，则其节若倪倪如婴儿之臂耳。既而，承热用纸囊贮之，精华之气无所散越，候寒末之。

其火，用炭，次用劲薪。其炭曾经燔炙为膻腻所及，及膏木、败器，不用之。古人有劳薪之味，信哉！

其水，用山水上，江水中，井水下。其山水拣乳泉、石池漫流者上；其瀑涌湍漱，勿食之。久食，令人有颈疾。又水流于山谷者，澄浸不泄，自火天至霜郊以前，或潜龙蓄毒于其间，饮者可决之，以流其恶，使新泉涓涓然，酌之。其江水，取去人远者。井，取汲多者。

其沸，如鱼目，微有声，为一沸；缘边如涌泉连珠，为二沸；腾波鼓浪，为三沸，已上，水老，不可食也。初沸，则水合量，调之以盐味，谓弃其啜余，无乃而钟其一味乎，第二沸，出水一瓢，以竹环激汤心，则量末当中心而下。有顷，势若奔涛溅沫，以所出水止之，而育其华也。

凡酌至诸碗，令沫饽均。沫饽，汤之华也。华之薄者曰沫，厚者曰饽，轻细者曰花，花，如枣花漂漂然于环池之上；又如回潭曲渚青萍之始生；又如晴天爽朗，有浮云鳞然。其沫者，若绿钱浮于水湄；又如菊英堕于樽俎之中。饽者，以滓煮之，及沸，则重华累沫，皤皤然若积雪耳。《荈赋》所谓“焕如积雪，烨若春敷”，有之。

第一煮沸水，弃其上有水膜如黑云母，饮之则其味不正。其第一者为隽永，或留熟盂以贮之，以备育华救沸之用，诸第一与第二、第三碗次之，第四、第五碗外，非渴甚莫之饮。凡煮水一升，酌分五碗，乘热连饮之。以重浊凝其下，精英浮其上。如冷，则精英随气而竭，饮啜不消亦然矣。

茶性俭，不宜广，广则其味黯澹。且如一满碗，啜半而味寡，况其广乎！其色缃也，其馨也，其味甘，槚也；不甘而苦，荈也；啜苦咽甘，茶也。

《茶经·六之饮》

翼而飞，毛而走，呿而言，此三者俱生于天地间，饮啄以活，饮之时义远矣哉！至若救渴，饮之以浆；蠲忧忿，饮之以酒；荡昏寐，饮之以茶。

茶之为饮，发乎神农氏，闻于鲁周公，齐有晏婴，汉有杨雄、司马相如，吴有韦曜，晋有刘琨、张载、远祖纳、谢安、左思之徒，皆饮焉。滂时浸俗，盛于国朝，两都并荆俞间，以为比屋之饮。

饮有粗茶、散茶、末茶、饼茶者。乃斫、乃熬、乃炀、乃舂，贮于瓶缶之中，以汤沃焉，谓之痷茶。或用葱、姜、枣、桔皮、茱萸、薄荷之等，煮之百沸，或扬令滑，或煮去沫，斯沟渠间弃水耳，而习俗不已。

于戏！天育有万物，皆有至妙，人之所工，但猎浅易。所庇者屋，屋精极；所著者衣，衣精极；所饱者饮食，食与酒皆精极之；茶有九难：一曰造，二曰别，三曰器，四曰火，五曰水，六曰炙，七曰末，八曰煮，九曰饮。阴采夜焙，非造也。嚼味嗅香，非别也。膻鼎腥瓯，非器也。膏薪庖炭，非火也。飞湍壅潦，非水也。非炙也。碧粉缥尘，非末也。

操艰搅遽，非煮也。夏兴冬废，非饮也。

夫珍鲜馥烈者，其碗数三；次之者，碗数五。若座客数至五，行三碗；至七，行五碗；若六人以下，不约碗数，但阙一人而已，其隽永补所阙人。

伍·以茶汤为作品的艺术创作——人

一个人，一杯茶，
就可以构建一个完整的属于自己的时空。

茶水境器人·人

茶艺中“茶、水、境、器”都是为人服务而存在的。最后一个元素“人”，实际包含“泡茶人和品茶人”两个元素，一个是作品的作者，另一个是作品的欣赏者。

古人对于品茶十分讲究，这毕竟是属于雅事，需要心对心。所以对品茶人的数量上有一个说法，那就是人数不能太多。明代茶人陈继儒在《岩栖幽事》中写道：“一人得神，二人得趣，三人得味，六七人是名施茶。”

一个人喝茶，是否可以呢？答案还是比较简单：可以。得神！可以理解为得茶之神韵，也可以说是得自己之神，相当于慎独。一个人的茶，应该是完全不被物扰的。一个人，一杯茶，就可以构建一个完整的属于自己的时空。

二人得趣，则已经是一个社会活动了。有你、我之别，有泡、饮之别，这期间就会有交流，有分别，有分享，甚至有些分担。非知音，不能相对也。

三人得味，国人善吃，这几乎是全世界公认的。所谓“食不厌精，脍不厌细”说的就是我们在味道上的追求永无尽头。所以对于“味”，中国人是有发言权的。慎言道，所以中国人只有书法、绘画、插花……

而没有书道、剑道、花道……然而，我们也还是有一个“道”的，那就是“味道”。味道，道本是无形无色无臭，所以“百姓日用而不知”。老子说:“道生之，德畜之，物形之，势成之。是以万物莫不尊道而贵德。道之尊，德之贵，夫莫之命而常自然。故道生之，德畜之，长之，育之，亭之，毒之，养之，覆之，生而不有，为而不恃，长而不宰，是谓玄德。”而“味道”，以味为器而载道。可能在当时来说，其他东西的获得，相对来说也是比较容易的，或者说审美高度还没有达到。而吃什么，如何吃，的确是寻常百姓实实在在关注的。于方便来说，以味入道相对要容易一些吧。

三人得味之后，就没有四五人了，直接就是六七人。这也说明大家觉得超过六人就不适合喝茶了。而在我们的经验中，当人数超过了五六个之后，话题也容易分散，比较不容易认真泡茶了。

所以，一个高品位的茶会，会严格限制人数。

这是人数的讲究。对于一起喝茶的人，我们还是需要对参与者有一定的要求，最简单的就是志趣相投。否则就很容易出现话不投机半句多的状况，那么这个茶会也就变得十分无趣了。

古人在这方面可是讲究多多。

明人屠隆在《考槃馀事》中说：“使佳茗而饮非其人，犹汲泉以灌蒿莱，罪莫大焉；有其人而未识其趣，一吸而尽，不暇辨味，俗莫大焉。”

明人陆树声与徐渭都作有“煎茶七类”之文，二人把“人品”列在首位。陆树声说：“煎茶非漫浪，要须其人与茶品相得。”徐渭也说：“煎茶虽微清小雅，然要须其人与茶品相得。”

同时代的许次纾在他所著的《茶疏》“论客”一节中说：“宾朋杂沓，止堪交错觥筹；乍会泛交，仅须常品酬酢。惟素心同调，彼此畅适，清言雄辨，脱略形骸，始可呼童篝火，汲水点汤。”可见同是茶人方能在一起品茶。

以上是对品茶之人的要求。

那么，对泡茶之人呢，是不是有要求？

泡茶之人，无论男女老幼，其首要的特质就是懂得感恩。懂得感恩的人往往会自然而然地对事、对人、对物有足够的敬畏。

因为敬畏，所以在泡茶的时候，才能把心放在当下的茶、人上面，而不会让自己的注意力分散。

当然，泡茶之人需要至少具有基本的泡茶基础。否则的话也算是牛嚼牡丹了。

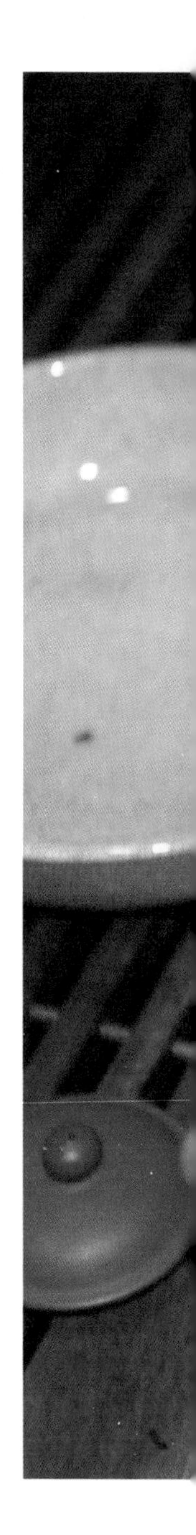

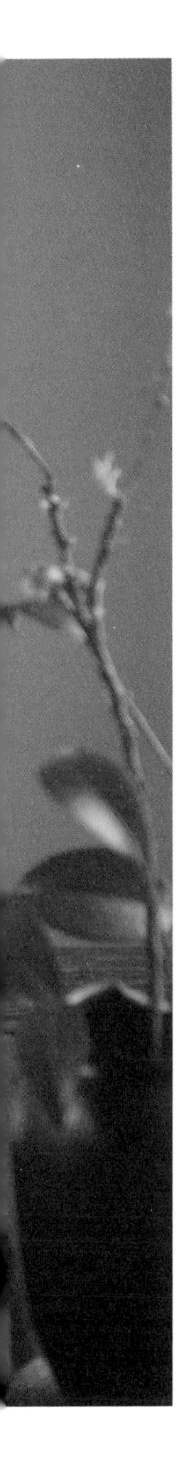

不做无用之事，何遣有涯之生

“人无癖不可与交，以其无深情也；人无疵不可与交，以其无真气也。”这是明朝的张岱所说的，而且这句话也一直被很多人认同。

清代的张潮在《幽梦影》里说：“花不可以无蝶，山不可以无泉，石不可以无苔，水不可以无藻，乔木不可以无藤萝，人不可以无癖。”

喝茶算是一种癖了吧。

喝茶是为了享受生活。饮料与食物的区别在于，因为不是必需的，所以承载了更多的精神元素。而且有意思的是：喝茶还可以打发无聊时光，同时又对身体和精神健康都有帮助。这样说来，喝茶是雅癖，更值得嗜好。

喝茶可以随便喝喝，只取其好喝，养生的功效，也可以有很多讲究。既然要当作雅癖，就要探究些，讲究一点。茶里面讲究的通常有茶（本质，源头，体）、水（助缘，成相之利）、境（助缘，用）、器（助缘，成相之利）、人（用），这些讲究其实就是文化。

琴棋书画诗酒茶（花），这是所谓的七件雅事。可以从这些事物上抒发自己的情怀，寄托自己的理想。而这七件事从某种意义上来说都是无用之事，通常和温饱没有关系。

在生产力比较低下的过去，温饱是生而为人需奋斗一辈子的事。

俗话说："嫁汉嫁汉，穿衣吃饭。"多么悲哀的事情，女人要托付一生，只要满足温饱就好了。也由此可以看出，在人类历史上，温饱其实并不是很容易做到的。

和父母去饭店，老一辈人总是在唠叨：这个菜有多少钱，干吗来这里吃，自己家里就能做；这个菜光看摆盘了，没几口吃的嘛！

一顿饭吃下来，心累。

经历过物质匮乏年代的人是最现实的，处处讲究划不划算，才不管是不是庸俗的生活哲学，是不是庸俗的价值取向。看展览？欣赏艺术品？值多少钱？不如一顿饱饭。

只是蝇营狗苟、挣扎在生活间，这是生活吗？生活就是穿衣吃饭吗？不是说，生活还有诗和远方吗？

所谓远方，就是你吃饱之后，抬头遥望的地方。人说"乱世饮酒，盛世品茶"，在基本的物质需求得到满足之后，我们面对的是怎样建设精神家园。

不如用茶吧。也许喝茶不管饱的，但那些有用的，拿来就可以用，很多时候就是功利的；无用的，看起来没用，不管饱不管暖，但它是一种认知的折射，或一种态度的培养，是心理上的建设。

喝茶是可以抚慰心灵的，这种癖好提供给你每日与"美"和"艺术"接触的机会，你若是能把握住，每日茶就是每日的熏陶，让你一点点安静下来，慢下来，细致起来。

喝茶"美"吗？怎么我没意识到呢？也许有的朋友会这样说。

想象一下你的状态，你端起一杯茶，假设说是绿茶，你闻嗅到一阵清幽的香气，淡而远；你轻啜茶汤，感受清爽的滋味和两颊微涩的收敛感；咽下去，茶汤滑落，甘甜却返了上来，口中微甜，生津，你不由得点了点头。

好，你点头了，说明这泡绿茶还不错。谁说的来着，“美是内在的欣喜和满足”，你看，我没有骗你，此刻，你体验着美，感受着美，即使在最繁忙的时段，你仍有心情让自己“美”一下。这点点滴滴的满足，也在点点滴滴地完美你的人格。

赚钱是为了什么？学习是为了什么？无非是让我们的生活更加美好。如果不能达到此目的，那么学习和工作就会变得毫无价值。

最近看了一本书《最好的告别》，是白宫的一位医疗顾问写的。里面很详细地讨论了关于“老”、关于尊严的问题。当然，这也是我很关注的。

喝茶为了什么？仅仅是身体的健康？我一直认为这不是全部，它可以帮助我们构筑一个完美的晚年生活。这也是未雨绸缪的一个直接体现。

我们都想优雅地老去，也想老了也还优雅地活着。只是，如果没有好的身体和良好的精神世界的建设，这份美好优雅又从哪儿落实呢？

当我们结束了手头的工作，拿起茶杯，提着茶包，在一座茶山一座茶山中流连，在一个茶馆、一个茶馆中品茶，还有那么多的茶友，可以喝到各种各样的茶。没有压力，没有无聊。

放松，宁静，美好。这难道是没用的吗？

让我们端起茶杯，做一点无用的事情吧。这才是大用！

你还懂茶吗？

爱茶的人凑在一起，往往会说“×× 特别懂茶，我不懂茶”之类的话。前些年在我的《轻松喝普洱》一书中我就明确地提到“喝茶无须懂”！

在当时看来，这已经算是大逆不道了。

“我懂茶！”这句话一出来，多少人由此就仰慕崇拜不已。“喝茶无须懂”？胡说八道，如果不需要懂，这些年我们干吗去了啊？

说来有意思，这些年来，我做了无数次的实验，邀请了很多不懂茶（初中生、高中生、大学生、都市白领、企业家、官员）的人喝茶，当两款同类的不同级别的茶进行对比品饮，大家所做的判断都差不多。

什么是懂茶呢？

是懂做茶？

懂种茶？

懂泡茶？

还是懂卖茶？

懂研究茶叶历史？

懂茶叶深加工？

懂茶叶化学？

懂茶禅一味？

……

其实，当我们说懂茶的时候恰好说明我们不懂。

古德说："开口便错，动念即乖。"所以当我们再说懂不懂茶，实际已经是严重的不懂茶了。就如一个开悟了的人绝不会说自己开悟了，一个喝醉了的人绝不会说自己醉了，一个有成就了的人反而更谦卑一样。

喝茶无须懂，我们真正要懂的是：如何才是真正的幸福。因为喝茶也好，品茶也好，不过是通过这样的方式去获取属于我们的幸福。

至于是否懂茶，其实完全没有必要去追究。就如吃饭穿衣，吃饭是为了不饥，穿衣为了不寒。我们完全没有必要去了解这做饭的米是从哪儿来的，谁种的，谁煮的，如何煮的，它是怎样的一种机理让我们饱起来，以及如何转化成我们需要的能量。

"懂茶"，从某种意义上来说，本身可能就是一个伪命题，这种提法对于推动茶产业、茶文化的发展是有害的。

唉，研究了这许多年，竟然依旧是不懂！

终于懂了，自己还有很多不懂的，这也是一种成长！

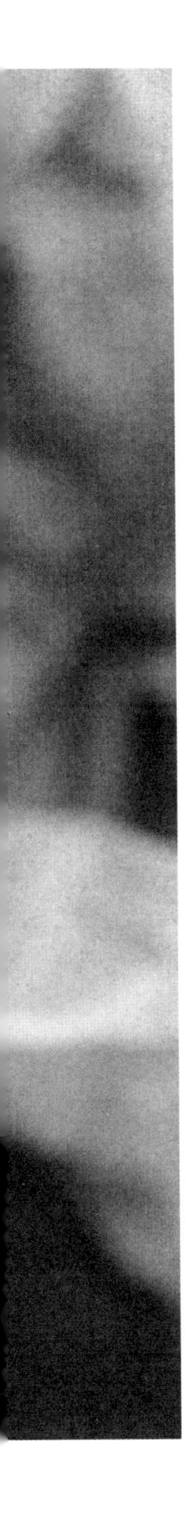

丑男二人组的茶事

“若问古今兴废事，请君只看洛阳城。”一千七百多年前的洛阳，金马门外热闹的铜驼街见惯了喧嚣，见惯了佳人与少年。

刚入夏，昨夜一场风雨，清晨的铜驼街还颇为冷清，忽然远处传来一阵奇怪的声音。一开始是牛车缓慢的轧轧声，裹着人声低语，突然一个女子尖叫起来，带动更多的尖叫此起彼伏，像发令枪响过一样，朝街的门口纷纷射出一些姑娘、媳妇，朝声音的来源处奔跑。这许多女子聚在一起喋喋不休，高声朗笑，喧嚷的高频震荡声里还夹杂着砰砰的声响，偶尔一声男子的低喝，“小心点！都砸着我啦！”

当垆卖酒的老媪皱了皱眉头，在桌子上摔了摔抹布，撇着嘴道：莫非是那潘郎又出来啦？

的确，潘岳，也就是中国历史上有名的美男子潘安，挟弹出游来了。所谓“挟弹”者，带着弹弓子是也。他所到之处，一街的姑娘都被酥倒，纷纷牵起手把他的牛车围绕，除了欣赏美景，还要把新鲜的水果投到车上表示联络感情。关于潘郎何时能到目的地，射弹弓的技术如何，我们就不得而知了。

这幕骚动过去没两天，铜驼街又见识了另一场骚动。

左思左太冲，当世著名的才子，因为妹妹被选入宫而混上了一个小官，这一天也来到了铜驼街上。虽然说左思没有潘安的玉树临风，顾盼自雄，但是高雅的志趣和人生追求到底组成了一个人的气质。左先生束带矜庄，徘徊瞻眺，随着牛车的轧轧声，浏览着街面的繁华。突然传来一声女人的尖叫，左郎一惊，不禁探头张望，这一看不要紧，纷纷从门中射出来的女子们就看到了一张“绝丑”的脸。事态的发展失去了控制，奔来的姑娘、媳妇甚为恼怒，在一片激愤的高频震荡声中夹杂着呸呸的唾声，左郎委顿而返。

这些小小的骚乱装点着铜驼街的热闹，日子一日复一日地过去。这个故事还有第三个波浪。

著作郎张载，也是一位貌丑人士，当他出现在铜驼街上的时候，也许没有像左思弄那么大的阵仗，我们熟悉的高频振荡声大概换成了中低频的嘀咕，但是不幸招来了街上的孩子们，纷纷“以瓦石掷之”。

当世有了潘安的存在，是不是每一个走在洛阳街道上自忖姿色不佳的男子都会心中惴惴？

不知道从此左思和张载还走不走铜驼街，从记载上看，这二人是好朋友。左思刚到洛阳的时候就拜访了著作郎张载，向他请教蜀地风貌，也许是在洛阳有同样不幸的遭遇，使两个人倍感亲切，促使二人结为好友。多年后左思写毕《三都赋》，轰动一时，人人传抄，洛阳纸贵的典故就从这而来，张载还为其中《魏都赋》作了注释。

这是一本讲茶的书，丑男二人组和茶的渊源就是——二人先后写下了世界历史上最早的描写茶的诗篇：张载写下了第一篇《登成都白菟楼》，左思写了第二篇《娇女诗》。

《娇女诗》很有趣，先说家里的两个女孩子，小的叫纨素，“吾家有娇女，皎皎颇白皙。小字为纨素，口齿自清历。”大的叫惠芳，“其姊字惠芳，面目粲如画。轻妆喜楼边，临镜忘纺绩。”然后就描写两个孩子各种淘气，玩化妆，爱跳舞，乱弹琴，不看书；瞎乱跑，摘生果，喜淋雨，踏霜雪；厌正餐，贪零食。各种淘气过后累了，渴了，要来喝茶，但是茶还没煮好呢，就对着煮茶的锅子吹啊嘘啊，结果“脂腻漫白袖，烟熏染阿锡。衣被皆重地，难与沉水碧。”衣服弄脏了，小脸也花了。左先生非常生气，扬言要打，两姊妹“掩泪俱向壁”。左先生高扬的手臂一定是悄悄地放下来了。

再加上张载的《登成都白菟楼》描写茶的那句“芳荼冠六清，溢味播九区”，可以看到晋代茶叶作为南方的传统饮料，已经传播到了很多地方。左思的家庭作为北方人的代表，煮茶饮也是寻常事了。只是，当时的茶和今人熟悉的样子不同，煮的时候要放盐，还要加入一些茱萸、薄荷之类的，煮出来更像是一种羹汤。当然也有文士的清饮，不往里面加佐料的，囿于资料有限，不知道左先生一家喝的是哪种茶汤了。

品茶六要

古往今来，对于品茶的方法，众说纷纭，然而，究竟哪一种才是最正确的呢？因为每个人的诉求不同，很难说哪一种绝对正确。

这里我们暂时把每一个人个性的东西放在一边，看看在品茶过程中具有共性的是哪些，把这些共性梳理出来，以期能让我们在品茶的过程中收获更多的愉悦。对于茶的品饮，综合起来讲，不外乎从茶叶外形，冲泡时的感受，嗅闻香气，尝滋味，看叶底等几方面进行品鉴。高深一点的，还有对“茶气”的体会。大致可分为如下几点：

眼观茶色

即观察干茶的色泽及冲泡后茶汤、叶底的色泽。茶色往往体现着该茶的原料、制作等重要信息，因此，眼观茶色是对茶叶基本品味的评判，而好茶的外形、叶底和汤色都值得细细品赏、玩味。

中国的茶叶，无论是黑茶还是绿茶、红茶、乌龙茶，每种茶都有独特的外形特征，有的像满披白毫的银针，有的像翠绿的瓜子，有的像龙须，有的则像雀舌，有的叶片松泡卷曲，有的叶片紧结如铁。把茶叶拿在手里，粗看仿佛没什么，但是多端详一会儿，你会发现一个全新的世界。寻常人眼中也许会显得乱糟糟的碧螺春，细看却是“满身毛、铜丝条、蜜蜂腿”，不由得令人惊讶这样的细嫩是怎样制作出来的。优等红茶被披金色毫毛，也有名为“金丝猴”者，初见此茶也许会纳闷为什么起这个名字，可是把玩茶荷中的茶叶，看到披带金色毫毛的茶叶条索在茶荷中高高翘起，真如一只顽皮的金丝猴翘着尾巴把头扎入茶叶中寻找食物。

提到中国茶的颜色，又有另外一番可以把玩之处了。绿茶充满着春天的气息，绿色的茶叶，淡淡的黄绿色的茶汤，不仅让人体验生命的向上，还可以让人陷入冥想；红茶乌黑油润，或者带着金色毫毛，红亮的汤色外圈是金黄圈，这些都满载着充实、温暖的欣喜；乌龙茶成熟的青色和橙黄的茶汤，令人赏心悦目，给人一种饱满、富足的快意。

而黑茶，因为工艺的差别，从外形到色泽都大别于其他茶类。黑茶的外形带着历史的印迹，大宗的产制、长途的运输、饮用人群的性格，使得黑茶形制厚重淳朴、大气浑成。黑茶的茶汤亦是十分迷人，沉稳而通透，从琥珀色到玛瑙红，给人一种经过了岁月历练的感觉。

耳听茶涛

茶经九难，遇水而生，因此说“水为茶之母”。

泡茶的技艺很大程度上就是对水的掌握和运用，但是水和茶的交汇并非仅此而已。“水”带给人的启迪和精神上的享受，从择水开始，贯穿茶事活动的始终。“耳听茶涛”说的就是在泡茶之煮水环节时，人的心灵状态。

陆羽《茶经》中说：“水沸之程度，如鱼目而微有声，此一沸也。

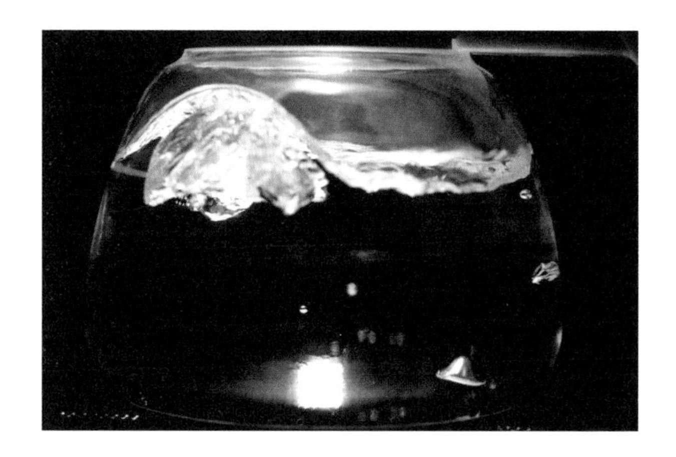

复之边缘，泉涌如连珠，水泡上升，此二沸也。如腾波鼓浪，煮至翻滚，此三沸也。过此以上，是以不可饮。"描述的是煎茶时最重要的步骤，煮水。这个过程中水沸有声，耳听声音和眼睛观察腾起气泡的变化，可以辨别水是否煮好了。煮水对泡茶而言是如此重要，苏东坡《和子瞻煎茶》中写道："煎茶旧法出西蜀，水声火候犹能谙。相传煎茶只煎水，茶性仍存偏有味。"认为煎茶就是煎水。

那么，在这么重要的等候沸水（古人称其为"候汤"）的过程中，我们该做些什么呢？尤其是现代科技发达，煮水候汤已经简单成把电源开关打开，听到提示音就可以泡茶的程度，在这段等待间隙中，我们该做些什么呢？

让我们倾听水的声音吧。手头上做一些准备活动也无妨，只要心在倾听，手上动作井井有条，而内心却又同时保持在如如不动的状态，一切的声音，乃至现场的每一个细微的变化都了然分明，却又处置得恰到好处，这也就是动中之静。

耳听茶涛，其最重要的是可以把我们散逸的思维收摄到当下的每一个动作中来，从而让我们专注于当下的人和事。而水流之声也更容易让人趋于安静。

水是生命之源，地球上 70％的地方被水覆盖着，人的身体水分亦占 70％ 左右，从某种意义上来说，人体就是一个小地球，亦是一个小宇宙。

一花一天堂，一草一世界；

一树一菩提，一土一如来；

一方一净土，一笑一尘缘；

一念一清净，心是莲花开。

无论茶，无论水，无论人，品饮过程即是完成自身与外界的交融，也就是在这种交融中完成无我、无别的禅境。听水之音即是把自己的世界打开一扇窗子，倾听来自于另外一个世界的声音。耳听茶涛，亦是由水渐沸腾的涛声中凝神达到入静。

仔细听，水沸的声音是有层次的。

初沸时声如“砌虫唧唧万蝉催”（初沸水声如阶下虫鸣又如远处蝉噪），二沸时水声“忽有千车捆载来”（二沸时水声如满载而来吱呀乱响的车队），三沸时水声“听得松风并涧水”（三沸时水声如松涛汹涌，溪涧喧腾）。

苏东坡云：“蟹眼已过鱼眼生，飕飕欲作松风鸣。”

在这些天籁鸣响的声音中，让我们收摄心神，清静思绪，感觉宁静而自在，那么举手间所泡之茶，必定合乎“茶道”，此汤必是佳味。

鼻闻茶香

鼻子是人体的一个非常精妙的器官，生理学家们研究之后发现，嗅觉比味觉要灵敏一万倍左右，气味比味道丰富得多。在人的感觉器官中，这两种感觉是密切相关的，一旦嗅觉失灵（如患感冒的时候），舌头品味的能力会降低很多。这也许就是为何在品茶时，大家常说“色香味形”，香气排在味道之前的原因吧。虽然这也许仅仅是发音顺畅的偶合，却也说明了香气在品茶时的重要性。

根据对茶叶的研究，茶叶中目前可以分离出来的香气多达五百多种，而人们目前可以通过鼻子辨别出来的有几十种。当然，对于一般人来说，这几十种香气足够我们来判断和品评一款好茶了。

每一种茶都有各自特有的香气，愉悦着不同的人群，给各种人带去这样那样的美好回忆。然而，每一种茶的香气有优有劣，其基本规律还是不可以违背的，也就是所有的能带来愉悦感受的应该都是好的香气。对于追求茶香的人来说就是一款很好的茶了。

在茶叶中，我们偏重的是兰花香。比如，一款龙井能在栗香和豆香等之外还有兰花香呈现，那简直可以说是极品了。这些年来，兰花香气的龙井我也就经历了那么一两回。

美好的铁观音，也是以兰花香见长。这可能也和中国自古以来重君子之风的原因有关吧。兰花自是花中之谦谦君子，其香自然也是历来被人们所推崇的。

中国素来把闻香、挂画、插花、品茶当作四件雅事，也是四件闲事。

而对我来说，插花、挂画、品香都只能成为品茶的一个陪衬。而所品之香也是高雅纯洁的，有而不夺茶之香。就如两个至为亲密之人，无论轻重把握都是恰恰合适的。

茶香的变化因之茶类的不同、老嫩的不同、水温的不同而呈现出各种不同。所以，当我们真正地把茶香充分利用起来，我们也可以在品茶时同时享受香薰，岂不是一举两得？在品茶香时，我们有时候因为没有足够的重视，所以在闻香时显得仓促。当我们沉静下来，茶的杯香也有前段、中段、尾段，而且变化多端，颇为值得把玩。

红茶、乌龙、白茶、黑茶、黄茶、绿茶、花茶，其香气的呈现各不相同。一些年代久远的茶所带来的变化更是出乎意料。在一些有年份的黑茶中，这些香气也让人特别迷恋。

目前稍有年份的黑茶已不多见。在边疆少数民族中，黑茶是生活必需品，不是奢侈品，在那些年代，并没有越陈越香的概念。所以目前能留存下来的，完全是因为历史的疏忽，是时间长河里不小心遗漏下来的金子。其实，现在一些年代久远的黑茶，已经和黄金等价或者超过了黄金的市值。我国有一句俗话：慢工出细活。意思就是说，要想把一件事做好，就得慢慢来，急是不行的。欲速则不达，说的也是这个道理。这两句话放之四海皆准。经过漫长岁月的陈化，所有的老茶都变得异常的沉稳和平和。如果说茶能静心，那么老茶呢？这些经过了岁月沉淀的老茶，于有意无意中把体会的、经历的缓缓地融入你的味觉中。这绝对不是通过其他方法可以达到的。在时间面前，人类的任何技术和工艺都黯然失色，甚至是可笑的。

口赏茶味

品茶，即是品该茶的色香味形，而味才是这其中最主要的。在品茶的过程中，尽可能地把身体的全部机能都调动起来，全身心体会茶带给我们的美好感受。

唐代卢仝的诗中云：

“一碗喉吻润，两碗破孤闷。

三碗搜枯肠，唯有文字五千卷。

四碗发轻汗，平生不平事，尽向毛孔散。

五碗肌骨清，六碗通仙灵，七碗吃不得也，唯觉两腋习习清风生……”

从这首诗里我们也可以看到品茶的几个方面。

“一碗喉吻润”，是指茶的基本饮料功能，满足身体对水的需求。

“两碗破孤闷，三碗搜枯肠，唯有文字五千卷”，则上升到“品”的层面。

“四碗发轻汗”，充分体现了茶的保健功能；“平生不平事，尽向毛孔散”一句，则直接从身体的愉快感受转化到了对精神的解脱和发散。

“五碗肌骨清，六碗通仙灵，七碗吃不得也，唯觉两腋习习清风生。”七碗茶之后，身心完全放松，已然达到可以通仙灵的境界。虽然这些话里有很多文学艺术的创造、提升和夸张成分，但对善于品茶亦乐在其中的人来说，一杯好茶带来的美好感受也确实如此。

不同茶类的品饮过程不同，绿茶少有能喝到七杯者，而黑茶好的通常都可以冲泡十次以上。好茶的成因有很多种，产地好，原料好，制作好，冲泡好，但遇到善品者，茶才算完成了它“好”的一生。千茶千味，树种、天气、环境、制工技艺、泡者的手段等，使得年年岁岁花相似，岁岁年年茶不同。很多茶味仅存于回忆之中，不可再追寻，好茶仅此一泡，因为每年的茶树生长状态都不一样，天下从来没有相同的两片叶子，更何况茶叶还经过了那么多加工程序呢。

对于品茶的具体程序，是有步骤可依的。

茶出汤后不能立刻品饮。此时茶汤太烫，入口后味觉细胞会因受到强烈刺激而麻木，不利于品尝滋味。可以按照如下程序进行，等到闻香和观色步骤之后，茶汤温度已经降低，可以开始品尝了。

端杯闻香。

端起品茗杯闻香。闻香是要从茶汤最高温开始的，香气会随着温度的降低有所变化，不要错过每一种香气的展现。嗅觉神经是所有感觉神经中最容易疲乏的，因此闻香的同时还要不断地让嗅觉细胞休息，闻上几秒就把杯子移开几秒，让嗅觉细胞接触到新鲜空气，然后再闻。

也可以嗅闻泡茶器皿盖子上的香气。出汤后拿起紫砂壶或盖碗的盖子，凑近鼻子深吸闻香；或半掩盖子，端起泡茶器嗅闻缝隙中的香气。

闻香时，先用鼻子搜寻该茶类应有的标志性气味，再闻此茶的特殊香气，闻其香高和持久。随着茶汤温度降低，一种香气呈现之后会由浓转淡，然后出现另一种香气，亦有浓淡的变化。从这些香味中可以辨得茶叶种类及制法。辨完香气后开始找异味，如草青味、霉味或杂味。

观察汤色。

闻香之后要观察茶汤的颜色，品鉴此茶的特点，看茶汤明亮、清澈程度。

吮入一小口茶汤。

闻香、观色之后，茶汤温度已经降低，可以开始品饮。此时吸入一口茶汤，以少为益，多了满嘴都是，难于在口中回旋辨

别。吮茶汤的速度要自然，不要过快，否则易使口腔内增加异味感。

舌品。

茶汤入口后，用舌尖顶住上层门齿，嘴唇微张，舌稍向上抬，使汤摊在舌的中部，再用口慢慢吸入空气，令茶汤在舌上滚动。连吸两次气后，辨出滋味，即闭上嘴，由鼻排出气息，咽下茶汤。每小口的整个尝味过程以三至四秒为宜。

此过程可以品得该茶特点，滋味浓淡，茶性强弱，口感鲜爽，醇度如何，是否有涩滞感，有否杂味等。

体验余韵。

茶汤下肚后，体验口中的回甘，感觉两颊生津情况；稍做深呼吸后闭嘴，体验喉咙处产生的回甘；体会鼻腔和口腔中的余味、余香，是谓体验余韵。

可以拿起杯子嗅闻，看看喝完的杯子里是否还有香气。所谓“杯底留香”，说的是当茶汤的温度降低到和室温相同时，杯子里还有香气，这就是所谓的冷香。

韵味的鉴赏，属于个性化体验，结果因人而异，并无标准可言。但所谓“品”，必有境界，“我先陶然，然后与茶共陶然。”则“品”矣。

手抚茶器

“工欲善其事，必先利其器。”这是古人的智慧，而这种智慧（经验）也一再验证是对的。所以如何选择合适的工具，这是第一步，也是关键的一步。

什么是最有力量的？大自然之力还是人工之力？

记得在女儿八岁的时候，我问她这个问题，她说：“爸爸，是爱吗？”

爱是深藏在自己内心的，通过怎样的方法去把自己的爱表达出来呢？那就是我们对所遇到的人、事、物的珍惜。

《说文解字》曰：“抚，安也！”

手抚茶器，更多的是一种对茶器的爱，在动作上是温柔而且是深情的。唯有通过手抚茶器这一行为可以让我们把自我的身心都收摄到当下来，从而完成一心为茶的目标，真正实现人和茶的平等、尊重。

抚，自此处呈现的是不多余，也无减损，恰恰好的一种状态。

体会茶意

茶是用来喝的，也唯有喝了之后才能体会到茶的美好。当一杯茶泡好之后，我们已经通过眼睛（视觉）欣赏了它的“色”之美，通过鼻子（嗅觉）欣赏了它的香之美，通过耳朵（听觉）感受了它的宁静之美，通过口（味觉）欣赏了它的味觉之美。

然而，仅仅是喝吗？

有的茶狂放，当我们喝下去之后，身心无比放松；而有的茶入喉之后，让人立即如沐春风，全身通泰；有的茶喝下去，却可以让人泪流满面。

品茶需要的不仅仅是相对的专业知识，还需要一种对生命，对美，

对自然的赞叹和敬畏。同时也需要对自我审美进行一种深度建设，也唯有如此，才能感受到茶汤里传递出来的，在匆忙之中可能忽略的细节和美。

品——体会，是我们对一款茶的最后告别，也是最高的敬意。

在依依惜别之后，看到我们对生命的尊重。

那么，究竟何为茶气？

炁，气也。气在中华文化中占有极重要的地位，也是我国古代传统中非常宝贵，同时更是独有的文化资产。精、气、神是中华文化总体之根源，诸如武艺、医学、文哲，乃至于算命卜运及饮食起居，无不受其直接或间接影响。中华民族的生活习俗、思维方法以及表达方式，都是围绕着精、气、神发展，并都以其作为常道的核心，形成一贯薪火相传的文化历程。

茶有无气？这是很多喝茶、品茶、爱茶的人会经常遇到的。有时候我们在喝一泡茶的时候，会有人说，嗯，这个茶的茶气很强。可跟多人也许没有感觉到。茶气究竟是什么呢？目前对茶气有以下几种解释。

有的人会把一种比较厉的茶叫作茶气足。茶气在这儿表达的就是对感官上的刺激性，也就是说刺激性越大，所谓的茶气就越足。就像酒的度数一样，度数越高，酒气就越足。

也有人把又浓又苦又涩的茶说成茶气很足。这其实是个误区，因为很多茶在你泡得不好时，或者说置茶量很多的时候都会又苦又涩，有必要在此更正。

茶气还有一说，那就是我们通常在泡黑茶时可以看到水面上会凝聚着一层飘渺的不断地聚聚散散的白色雾状物。这种茶气无法来品评强不强，不在此例。

此外还有一种说法就是说当这款茶喝下去的时候，身体会有这样那样的反应，比如有的人会手心发热，有的人身心一下子就完全沉静下来，全身通泰。虽然不是像有些文章中所说的能打通经络（因为目前还没有科学的证实），这种茶气，应该算是真正的茶气。虽然并非实体，然而其感受却如此真实。

关于茶气，在精神层面上来说，还是一种茶的天地自然之气，也就是茶之精神。它是简单、自然、优雅、中正之气。

手抚茶气，而非真的有可抚之实体，而是以手为心体会茶中之精神，体会茶所带来的对身体的抚慰。

其实，是不是能真正地分辨茶气，或者说可以把茶气具体地表现出来，反倒不是特别重要。茶之为品，此为一义也。